À Sophie, Agnès, Jean-Claude.

Introduction

UEXKÜLL, UNE PENSÉE EN DIALOGUE

Grand biologiste de notre temps, Jakob von Uexküll (1864-1944) est surtout célèbre pour son expérimentation en physiologie et pour sa description du milieu de la tique. Son œuvre absolument singulière publiée durant la première moitié du XXe siècle dépasse néanmoins largement ce seul cadre physiologique et retentit dans les écrits de très nombreux scientifiques et philosophes. La profusion des thèses qu'il élabore et sa vision inédite font rayonner sa pensée spatialement en effaçant les limites des champs disciplinaires – elle chemine à travers la physiologie, la psychologie animale, l'anthropologie, l'écologie, etc. –, et temporellement en inspirant par exemple certains éthologues cognitivistes de notre époque.

La figure d'Uexküll traverse ainsi l'histoire des sciences – et de la philosophie – en biais, transversalement, c'est-à-dire en y traçant une *ligne de fuite*. Parce que sa pensée investit l'histoire des sciences de manière diffuse, c'est-à-dire dans toutes les directions à la fois, on ne le situera pas dans un rapport de filiation classique, dans un arbre généalogique de l'histoire des sciences, mais dans un réseau au sein duquel les rapports de voisinage, de cohabitation supplantent ceux de filiation, de descendance, d'héritage. On mettra en évidence non pas des lignées (toujours filiales), mais bien des lignes de fuites comme celle qui relie Karl Ernst von Baer, Uexküll et Konrad Lorenz. En établissant des rapports de voisinages, sa pensée fait rétrospectivement dialoguer Spinoza avec Lorenz, elle interpelle la phénoménologie en répondant au kantisme.

On pourra éclairer et situer les positions de notre biologiste en lui mettant au regard des biologistes et philosophes tels que Leibniz, Maria Sybilla Merian, Ernst Haeckel, Frederik Buytendijk, Georges Canguilhem, Merleau-Ponty. Inversement, nous verrons qu'il demeure difficile de lire les travaux de Buytendijk ou des neuropsychologues comme Kurt Goldstein et Viktor von Weizsäcker sans les situer par rapport à ceux d'Uexküll : *La structure de l'organisme* de Goldstein demeure en effet très fortement marquée par des vues d'Uexküll. Dans la mesure où son concept clef d'*Umwelt* (milieu) est un concept véritablement écologique – et Uexküll se déclare lui-même écologue –, il conviendra encore de confronter cette écologie non seulement à celle de son contemporain américain Aldo Leopold, mais aussi à l'« écologie de l'esprit » de Gregory Bateson.

Uexküll dialogue. Il dialogue avec son temps, avec les biologistes et philosophes passés et futurs, et avant tout avec la vie elle-même. En témoigne l'allure vive et toujours questionnante de ses écrits, en témoigne l'évolution constante de sa pensée au fil de ses publications, en témoigne encore l'importance qu'il accorde à l'expérimentation, c'est-à-dire aux faits ; en témoigne enfin le souci qu'il porte aux questions pratiques. Son souci pratique se manifeste notamment dans l'intérêt qu'il porte pour les zoos et les chiens d'aveugle : outre les nombreux articles qu'il consacre à la question, il crée en 1941 un centre de chiens d'aveugles à l'*Institut für Umweltforschung* de Hambourg et il entre en relation avec différents directeurs de zoo afin de changer l'organisation et la structure des parcs zoologiques en prenant précisément en compte les milieux des animaux. Le suisse Heini Hediger répond à l'appel et entreprend alors des travaux dans le zoo de Bâle dont il est le directeur en 1945. Malgré la profusion de ses thèses (une théorie de la perception, une écologie, une éthique ou encore une psychologie), sa méfiance très goethéenne à l'égard des théories en général est remarquable : les théories enferment la vie. Sa grande fécondité conceptuelle et son originalité ne permettent pas de l'enfermer dans une position théorique figée, dans une école, qu'elle soit physiologiste, psychologique, philosophique, ni même dans une discipline, et encore moins dans son époque.

LES INFLUENCES, LES RENCONTRES ET L'IMPACT DE SA PENSÉE BIOLOGIQUE

Le baron Uexküll prend part au débat scientifique entre mécanistes et vitalistes et s'oppose d'une part au darwinisme et à la théorie de la sélection naturelle par le milieu, et d'autre part au behaviorisme de Watson et Skinner. Si sa critique vise un darwinisme qui a entre-temps été révisé par ce que l'on a appelé le néo-darwinisme, il est remarquable que le « post-évolutionnisme » qu'il esquisse éveille toujours l'intérêt de biologistes contemporains. Ses premiers travaux concernent la physiologie comparée des invertébrés aquatiques, et la biologie qu'il pratique est alors presque entièrement dépendante des explications physico-chimiques. Mais il s'intéresse par la suite au rapport de l'organisme à son *milieu*, et c'est alors qu'il se rapproche du vitalisme, en s'inspirant principalement des travaux du physiologiste Johannes Müller et du biologiste et philosophe Hans Driesch que Philippe Muller considère dans sa préface à *Mondes animaux et monde humain* comme étant le maître d'Uexküll. L'influence d'Uexküll en biologie est considérable. En y introduisant la notion de sujet, il donne l'impulsion à une biologie fondée sur le concept de signification, biologie exigeant de penser la nature comme vivante. C'est précisément de cette biologie que se revendiquent le zoologiste Adolph Portmann avec ses travaux sur les formes animales, ou encore Buytendijk avec ses travaux en psychologie animale. La manière dont Uexküll pénètre les milieux animaux est par ailleurs à l'origine de l'éthologie objectiviste, et tout particulièrement des travaux de Konrad Lorenz, qui considère Uexküll comme l'un des fondateurs de l'éthologie, en qualifiant précisément ses recherches de « recherches sur le comportement ». Aujourd'hui, son influence en biologie se retrouve dans certaines branches de neuropsychologie qui reprennent le concept uexküllien d'*Umwelt*, et surtout dans l'école biosémiotique de Tartu qui déclare explicitement sa volonté de prolonger la doctrine du milieu d'Uexküll : les biologistes et sémioticiens Thomas A. Sebeok ou Kalevi Kull inscrivent précisément leurs travaux dans la recherche sur le *milieu* (*Umweltforschung*).

UNE PORTÉE ÉMINEMMENT PHILOSOPHIQUE

Ses travaux de biologie ont en même temps une portée fondamentalement philosophique comme en attestent les discussions et les interprétations de ses thèses aussi bien par la phénoménologie, notamment par Heidegger, Merleau-Ponty et Patočka, que par la philosophie française que l'on pourrait qualifier en un sens large de structuraliste, et qui va de Canguilhem à Deleuze. En effet, Uexküll déclare explicitement son ambition théorique de prolonger la *Critique de la raison pure* en mettant l'accent sur la dimension incarnée du sujet connaissant et il commente encore longuement le *Ménon* de Platon. Il compare par ailleurs sa doctrine du milieu à la monadologie de Leibniz, et thématise la grande composition de la nature en se référant à la théorie de l'harmonie préétablie de ce dernier. Cette dimension philosophique concerne encore ses thèses relatives à la spécificité aussi bien de l'âme animale que de l'homme, et elles s'inscrivent à cet égard dans le débat de l'anthropologie allemande du début du siècle dernier. Ce débat, auquel ont en particulier pris part Scheler, Plessner et Heidegger, est en effet dans une large mesure enrichi par la psychologie uexküllienne des milieux.

Considérant avec Deleuze que l'activité proprement philosophique est la création de concepts, nous allons lire Uexküll comme un philosophe majeur du début du siècle, car sa théorie de l'*Umwelt* se déploie à travers une conceptualité originale et foisonnante : parmi les concepts entièrement dépendants de celui d'*Umwelt*, on peut citer ceux d'*Umgebung* (environnement), de *Merkwelt* et de *Wirkwelt* (mondes perceptif et actif) d'*Innenwelt* (monde intérieur) ou de *Gegenwelt* (monde répliqué) [1], mais il faut encore évoquer, pour esquisser un premier tableau de cette conceptualité, ceux de cercle fonctionnel, de plan, de performance, d'intégration structurale et de composition.

PROBLÉMATIQUES ET MOUVEMENT D'ENSEMBLE

La pensée d'Uexküll pose d'emblée deux types de questions : épistémologique d'une part et philosophique d'autre part. 1. De quelle manière traverse-t-il les grands débats, les grandes controverses scientifiques de son époque, et comment un des biologistes majeurs et des plus originaux du XXe siècle peut-il être anti-darwinien ? Quels sont à ses yeux la nature et le rôle de la biologie, ses possibilités et son rapport à la physique ? Enfin et plus généralement, quel modèle épistémologique construit-il ? Ces questions se posent d'autant plus qu'il continue par ailleurs d'inspirer aussi bien l'éthologie, la psychologie animale, que l'écologie actuelle. 2. Comment se conjuguent chez lui la rigueur scientifique du physiologiste et l'ambition philosophique ? Il semble ainsi remarquable que la synthèse baroque

1. Nous conservons les termes allemands pour mettre en évidence leur résonance avec celui d'*Umwelt*.

qu'il opère à partir des œuvres de Leibniz, Spinoza et Kant ainsi que sa conceptualité, ait donné à penser dans des directions très différentes à Canguilhem, Deleuze, Merleau-Ponty et Heidegger. Autrement dit, dans quels termes les dialogues se nouent-ils autour d'Uexküll, par quels chemins et à quelle allure se déploie sa pensée ?

C'est d'abord le concept absolument central d'*Umwelt* qui sera envisagé. En prolongeant le geste kantien, Uexküll introduit par ce concept le sujet en biologie, et il en élargit l'acception, en prenant notamment en compte sa dimension corporelle. Il faut d'une part penser l'*Umwelt* de l'animal comme étant centré sur le sujet, et la biologie peut en cela se démarquer de la physique et de son concept de *Milieu* – l'allemand dispose en effet des termes d'*Umwelt* et de *Milieu*. Contrairement à la biologie dominante darwinienne, il faut d'autre part considérer le rapport du sujet à son milieu comme une activité d'ajustement et non comme une adaptation passive. Cette biologie non darwinienne et fondée sur la signification prend chez notre baron la forme d'un perspectivisme subjectif. Ce dernier relève comme nous le verrons d'un relativisme épistémologique. Derrière ce geste biologique absolument fondamental réside l'exigence vitaliste d'Uexküll qui se manifeste dans sa constante opposition au mécanisme dominant alors son époque, et notamment à la théorie des tropismes : le milieu de l'animal est son *monde vécu*. Finalement, Uexküll élève sa doctrine du milieu (*Umweltlehre*) à une véritable théorie de la perception : vivre signifie percevoir activement son milieu.

Dans un second temps, nous verrons la manière dont Uexküll entreprend ce qu'il appelle des « excursions » dans les milieux animaux, mondes invisibles, cachés, ou « jamais vus ». Ces excursions nécessitent une véritable exigence méthodologique qui se manifeste dans la discussion incessante avec la psychologie en général et dans son opposition à la psychologie qui chercherait de manière anthropomorphique à pénétrer l'âme de l'animal. Uexküll développe ainsi ce qu'il nomme une « biologie technique », ou encore une « psychologie des milieux », c'est-à-dire une psychologie qui considère non pas l'âme de l'animal en elle-même, mais son monde perceptif (*Merkwelt*). Il faudra ainsi comprendre le concept *méthodologique* d'environnement (*Umgebung*) comme le résultat d'une technique de découpage du monde perceptif que l'observateur doit pratiquer en mettant sa subjectivité entre parenthèses. Ces excursions posent en dernier lieu la question de la spécificité de l'homme par rapport aux autres vivants, et en confrontant les thèses uexkülliennes à la manière dont Heidegger les lit, on envisagera le rapport spécifique de l'homme à l'objet, et l'existence d'une capacité cognitive qui lui est propre. Celle-ci prendra un sens bien différent chez le philosophe et chez le biologiste.

Il faudra finalement examiner un aspect essentiel de la pensée du biologiste balte : la doctrine de la composition (*Kompositionslehre*). Pour cela, nous interrogerons l'expression « phénologie du comportement » par laquelle Helmuth Plessner qualifie cette doctrine. Cette dernière relève de l'étude objective du comportement de l'animal, c'est-à-dire des mouvements de son corps, ce qui suppose encore de le considérer dans son milieu, à la différence notamment du behaviorisme qui étudie le comportement animal en milieu artificiel. Cette éthologie, que prolongera à sa manière Lorenz, considère alors le sujet comme un corps vivant et le pense « en deçà » de sa dimension organique, c'est-à-dire au niveau de ses « performances ». Mais transgressant les disciplines, Uexküll va plus loin et confère à l'éthologie le statut de véritable éthique. Celle-ci thématise les rapports entre les corps vivants, et décrit les relations animales en termes sociaux et politiques, tout en « déshumanisant » les catégories de liberté ou d'autrui. Tout compte fait, nous en viendrons à la composition générale de tous ces rapports vivants en pensant l'unité de la nature musicalement, c'est-à-dire comme une grande symphonie. L'idée de composition musicale permettant de penser celle de la composition des habitats entre eux, l'observateur qui adopte ce point de vue holistique sur la nature, se fait en définitive écologue. Contrairement au darwinien Haeckel, créateur du terme même d'écologie, l'écologie uexküllienne s'intéresse non pas aux conditions du milieu, mais aux compositions des milieux. C'est précisément cela que mettra en évidence la confrontation de l'intuition écologique d'Uexküll avec les travaux de l'entomologiste allemande Maria Sybilla Merian : une telle écologie investigue les compositions des milieux, c'est-à-dire les cohabitations des vivants.

I

La doctrine du milieu comme doctrine de la vie

I. LE SUJET ANIMAL ET SON MILIEU

1. Le milieu biologique centré sur le sujet

Une des thèses fondamentales énoncée dans les *Excursions à travers les milieux des animaux et des hommes*[1] est que l'animal n'est pas seulement une machine mais un machiniste, autrement dit un *sujet* qui a pour corrélat un milieu (*Umwelt*)[2]. En mettant la notion de sujet au cœur de la biologie, Uexküll déclare explicitement son ambition de prolonger le projet kantien :

> Nous verrons dans le chapitre suivant qu'il en va de même de l'espace : sans un sujet vivant, le temps ni l'espace n'existent. Par là, la biologie trouve accès à la doctrine de Kant qu'elle va scientifiquement exploiter dans la théorie de milieux en insistant sur le rôle décisif du sujet[3].

---

1. Nous traduisons littéralement le titre, ceux des deux traductions françaises n'étant pas satisfaisantes. Par la suite, on abrégera par *Excursions*.

2. Il existe une vraie question concernant la traduction de *Umwelt* car il existe de très nombreuses possibilités de traduction : entourage, entours, environs, milieu, milieu ambiant, environnement, monde ambiant, et il est encore possible ne pas le traduire – ce que font en général les Anglo-Saxons ou encore Merleau-Ponty. Malgré la possibilité satisfaisante d'employer le terme d'entours comme Sartre le fait au sujet de la biologie, et malgré le fait qu'*Umwelt* s'oppose précisément au terme allemand de *Milieu*, *Umwelt* sera ici traduit par « milieu », conformément au choix de Canguilhem qui en fait la généalogie dans *La connaissance de la vie*.

3. J. von Uexküll, *Theoretische Biologie*, Frankfurt am Mein, Suhrkamp, 1928, p. 3.

Le biologiste retrouve ainsi l'idée de l'« esthétique transcendantale » selon laquelle le temps et l'espace dépendent du sujet, sont les formes *a priori* de sa sensibilité, et il prolonge notamment cette doctrine kantienne par les concepts de monde de l'action et de temps perceptif. Mais l'originalité d'Uexküll tient à son ambition de *fonder* la philosophie transcendantale dans la biologie, et il écrit ainsi dans sa *Biologie théorétique* (*Theoretische Biologie*) qu'il faut lire comme un prolongement de la *Critique de la raison pure* : « Le devoir de la biologie consiste à élargir les résultats des recherches de Kant suivant deux directions : 1. Prendre également en compte le rôle de notre corps, et 2. Explorer la relation d'autres sujets (les animaux) aux objets. » Si le second point indique seulement que le sujet kantien est toujours strictement humain (l'expérience dont il décrit les conditions de possibilité n'est ni celle d'un ange, ni celle d'un animal), le premier axe mérite d'être explicité. La doctrine du milieu (*Umweltlehre*) prétend donc fonder la philosophie transcendantale dans la biologie en prenant en compte le rôle du corps. Mais en fondant les formes *a priori* de la sensibilité dans leurs conditions corporelles, Uexküll opère ce qu'on pourrait appeler une naturalisation de Kant, ce qui est manifeste notamment dans un de ses premiers textes intitulé « Monde animal âme animale » (« Tierwelt Tierseele »), où il pense le monde perceptif (*Merkwelt*) dans son rapport physiologique au cerveau.

Le concept uexküllien de monde de l'action (*Wirkwelt*)[4] contribue à prolonger la réflexion kantienne sur l'espace. Dans le chapitre des *Excursions* intitulé « Les milieux en tant que lieux[5] », Uexküll pose la question de l'ancrage biologique de notre capacité à nous orienter selon la gauche et la droite,

4. P. Muller traduit ce terme par « espace actif ».

5. P. Muller traduit *Umwelräume* par « espaces vécus ».

et retrouve l'interrogation kantienne de *Qu'est-ce que s'orienter dans la pensée ?*, l'orientation étant pour Kant un principe subjectif *a priori* de l'existence dans l'espace, qu'il nommera « le sentiment (*Gefühl*) de la droite et de la gauche ». En mettant en évidence la dimension transcendantale des fonctions biologiques, Uexküll souligne ainsi le rôle des canaux semi-circulaires de l'oreille humaine qui rendent possible le sentiment de la gauche et la droite et qui permettent de s'orienter dans les trois dimensions de l'espace.

Uexküll complète son investigation de l'espace par celle du temps, qu'il considère également comme une forme *a priori* de la sensibilité : « Un sujet domine le temps de son milieu. Alors que nous disions jusqu'à présent : sans le temps il n'y a pas de sujet vivant, nous dirons maintenant : sans sujet vivant le temps ne peut exister.[6] » Pour Uexküll, le geste de fondation du transcendantal dans le biologique a été fait pour la première fois par le biologiste germano-balte et père de l'embryologie, Karl Ernst von Baer – ce dernier enseigna, comme Kant, à l'université de Königsberg et il finit sa vie à Dorpat (aujourd'hui Tartu). C'est en reproduisant ce geste capital qu'Uexküll forge le concept biologique clef de « temps perceptif » indiquant que le temps de la perception varie en fonction des espèces et en dépend. Ce concept sera repris par Buytendijk et par Portmann, notamment dans *Biologie und Geist*[7]. Uexküll montre alors par un travail d'expérimentation que si la durée d'un instant humain vaut un dix-huitième de seconde, celui de l'escargot de Bourgogne sera d'approximativement un tiers de seconde :

6. J. von Uexküll, *Mondes animaux et monde humain*, suivi de *Théorie de la signification*, trad. Ph. Muller, illustrations G. Kriszat, Paris, Denoël, 1965, p. 28. Dorénavant abrégé par *Mondes*.

7. « C'est à Karl Ernst von Baer que revient le mérite d'avoir montré concrètement que le temps est un produit du sujet », *Mondes*, p. 40. Voir A. Portmann, *Biologie und Geist*, chap. « Die Zeit im Leben des Organismus », Göttingen, Nereïde, 2000.

« La conséquence en est que dans le milieu de l'escargot tous les mouvements se déroulent beaucoup plus vite que dans le nôtre. De même les mouvements accomplis par l'escargot ne s'effectuent pas plus lentement pour lui que les nôtres pour nous.[8] » On pourrait dans le même sens interpréter l'hibernation – et peut-être le sommeil – comme un ralentissement du temps perceptif de l'animal. C'est une véritable théorie de la perception qui est impliquée par le concept de temps perceptif, et sur laquelle nous reviendrons.

C'est en opposition au concept allemand couramment usité de *Milieu* que notre biologiste balte crée celui d'*Umwelt*[9]. Le sens de ce choix répond à la nécessité de combler un manque, le concept de *Milieu* ne permettant pas, selon lui, de penser l'animal comme un sujet vivant. Alors que *Milieu* renvoie à un *champ* neutre, indéfini et homogène de type physique : l'eau, la terre, le plasma, le sang, l'argile, etc., et équivaudrait à ce qu'on appelle aujourd'hui les « conditions du milieu », le concept de *Um-welt* implique quant à lui un *centre* ; cette opposition entre *das Milieu* et *die Umwelt* correspond à celle que Canguilhem établira entre la science des champs et la science des milieux, c'est-à-dire entre la physique et la biologie. Alors que le concept de *Milieu* est un concept essentiellement mécaniste conduisant inéluctablement, comme le souligne Canguilhem, à la thèse des animaux-machines, à une nature morte, le concept d'*Umwelt* désigne quant à lui le *monde vécu* de l'animal. *Umwelt* ne désigne pas un milieu neutre, objectif pourrait-on dire, mais subjectif dans la mesure où il est toujours centré sur un sujet,

---

8. *Mondes*, p. 43.

9. Lorsqu'il sera question de *das Milieu*, nous mettrons la majuscule allemande et nous soulignerons le terme afin de ne pas le confondre avec *die Umwelt* que nous traduisons par « milieu ».

sur un être *vivant* comme le souligne Viktor von Weizsäcker : « Mais la physiologie en est venue à assimiler le milieu et l'inanimé, et l'expression de milieu extérieur n'a trouvé que tardivement, grâce à J. von Uexküll en particulier, une signification spéciale.[10] » Uexküll définit ainsi l'organisme comme centre, comme le centre d'un monde :

> C'est un monde riche et coloré qui semble être fait uniquement pour nous, parce que nous nous trouvons en son centre. [...] Nous restons toujours le centre du monde car nous emportons sans cesse le cadre spatial avec nous. [...] Nous sommes toujours le centre de la sphère creuse du monde. [...] Et cela diffère peu de l'affirmation d'Einstein selon laquelle le monde ne possède aucun centre[11].

Dans *La structure de l'organisme* publié en 1934, c'est-à-dire la même année que les *Excursions*, et où l'influence d'Uexküll est patente, Kurt Goldstein conteste au moins deux des piliers de la doctrine de la psychophysiologie classique : le concept même de réflexe et la notion d'environnement objectif. En ce qui concerne cette dernière, il montre non seulement que le milieu « n'est point du tout quelque chose d'achevé », c'est-à-dire un monde déjà là (ce serait la position de l'idéalisme transcendantal selon la terminologie kantienne), mais également que ce milieu ne cesse de changer et de se former, précisément en fonction du comportement de l'organisme. Un exemple simple de transformation du milieu auquel revient souvent Uexküll est le dressage de l'animal, dressage qui consiste à augmenter quantitativement ou qualitativement le milieu de l'animal :

---

10. V. von Weizsäcker, *Le cycle de la structure*, Bruges, Desclée de Brouwer, 1958, p. 83.

11. J. von Uexküll, *Die Lebenslehre*, Potsdam, Müller und Kiepenheuer Verlag, Zürich, Orell Füssli Verlag, 1930, p. 124-126.

une fenêtre ouverte sur la rue qui est un obstacle pour l'aveugle marchant sur le trottoir n'entre pas dans le milieu « naturel » du chien (qui passera dessous), et la domestication consistera ainsi à la lui rendre signifiante. Le milieu existe de manière prédéfinie, mais il n'est jamais fixé, définitif, et il y a une *détermination du milieu* (*Bestimmtheit der Umwelt*) de la part de l'organisme lui-même, par l'expérience notamment :

> On pourrait dire que le milieu est extrait du monde par l'existence de l'organisme ou bien, pour s'exprimer plus objectivement, *qu'un organisme ne peut exister que s'il réussit à trouver dans le monde à s'y tailler un milieu adéquat* (à condition naturellement que le monde lui en offre la possibilité)[12].

Plutôt qu'une relation objective de cause à effet, il existe « un certain *débat* » (*Art des Auseinandersetzung*), ou une « espèce de composition » entre organisme et milieu, échange essentiel que Goldstein nomme « *loi biologique fondamentale*[13] ». Cette loi biologique fondamentale qui trouve une application concrète dans la loi psychophysique de Weber-Fechner met en évidence le rapport de centration et d'activité entre le vivant et son milieu, et c'est précisément ce rapport qu'Uexküll investigue à travers sa doctrine de la composition.

Goldstein s'attaque en outre au concept de réflexe, de la même manière qu'Uexküll s'oppose dans presque tous ses textes à la théorie des tropismes de Jacques Loeb, qu'il considère comme un pur physicien, et à sa conception de l'animal comme arc réflexe. Uexküll et Goldstein s'opposent donc à la conception de l'organisme et de son comportement selon un schéma

12. K. Goldstein, *La structure de l'organisme* (1934), Paris, Gallimard, 1951, p. 76, trad. modifiée pour *Umwelt*.

13. *Ibid.*, p. 95-96.

simple de causalité linéaire entre stimulus et réponse, dans lequel le vivant joue un rôle entièrement passif[14]. Les *Excursions* expliquent ainsi que « les processus dans l'organe de perception déclenchent par induction (qui reste un phénomène mystérieux) les impulsions correspondantes dans l'organe d'action », mais il précisera dans la *Théorie de la signification* qu'il ne faut pas entendre impulsion électrique mais bien impulsion mélodique[15]. Nous verrons plus loin le sens de cette dimension mélodique.

Saint-Hilaire par son concept de *milieu ambiant*, mais surtout Lamarck, par celui de *circonstances* ont, pour Canguilhem, cette même « intuition d'une formation centrée » :

> Lamarck écrit dans sa *Philosophie zoologique* (1809) que si, par action des circonstances ou action des milieux, on entend une action directe du milieu extérieur sur le vivant, on lui fait dire ce qu'il n'a pas voulu dire. C'est par l'intermédiaire du besoin, notion subjective impliquant la référence à un pôle positif des valeurs vitales, que le milieu domine et commande l'évolution des vivants[16].

Par son exemple de l'allongement du cou de la girafe en fonction de la hauteur des branches de palmier, Lamarck est également le premier, aux yeux d'Uexküll, a avoir eu « l'intuition d'un comportement en contrepoint », c'est-à-dire d'un *débat* de l'animal avec son milieu[17]. Mais comme le souligne justement Canguilhem, Uexküll garde néanmoins ses distances avec ces concepts de milieu ambiant et de circonstances. Bien qu'ils indiquent l'existence d'une subjectivité, ils ne lui font pas jouer le rôle qu'ils devraient : c'est le milieu, c'est-à-dire les temps

14. *Ibid.*, p. 320-324.
15. *Mondes*, p. 25 et 102.
16. G. Canguilhem, *La connaissance de la vie*, Paris, Vrin, 2006, p. 173.
17. *Mondes*, p. 156. Nous approfondirons plus loin ce concept de contrepoint.

et les circonstances favorables, qui, peu à peu, constituent le vivant : « Selon Lamarck, la situation du vivant dans le milieu est une situation que l'on peut dire désolante, et désolée. Ma vie et le milieu, qui l'ignore, sont deux séries d'événements asynchrones.[18] » Contrairement à la conception que s'en fait Uexküll, milieu et sujet demeurent ici dans un rapport extrinsèque et le vivant doit faire l'effort pour n'être pas lâché par son milieu. À cette désolation du milieu lamarckien, il faut, avec Uexküll, décrire l'activité comme « débat » avec le milieu. Ce dernier montre ainsi que le territoire (comme l'espace et le temps) est une création purement subjective : « Le problème du territoire relève celui du milieu, parce qu'il représente une création purement subjective.[19] » Ainsi, la taupe crée son territoire fait des galeries, et s'y retrouve, non pas grâce aux sens, grâce aux seuls signes perceptifs olfactifs, et donc « objectifs », mais bien par la *construction* d'un schème spatiale subjectif : « Son espace est un pur espace actanciel. Si son système de tunnels (ou une de ses parties) est détruit, elle est capable, en extériorisant un schème [spatial], d'établir un nouveau système ressemblant à l'ancien.[20] » À travers le débat, le sujet compose activement son milieu par la création de normes :

> Entre le vivant et le milieu, le rapport s'établit comme un débat (*Auseinandersetzung*) où le vivant apporte ses normes propres d'appréciation des situations, où il domine le milieu et se l'accommode. Ce rapport ne consiste pas essentiellement, comme on pourrait le croire, en une lutte, en une opposition. Cela concerne l'état pathologique. Une vie qui s'affirme contre, c'est déjà une vie menacée. [...] La situation du vivant commandée du dehors par le milieu, c'est ce que Goldstein tient

18. *La connaissance de la vie*, *op. cit.*, p. 174.
19. *Mondes*, p. 68.
20. *Ibid.*, p. 70.

pour le type même de la situation catastrophique. C'est la situation du vivant en laboratoire[21].

En ce sens la simple perception n'est pas une réception passive, celle, par exemple, des ondes lumineuses par l'organisme, mais elle est déjà une première création de forme, une première normativité, et cette normativité se retrouve dans l'importance accordée par Uexküll aux choix faits par le sujet vivant parmi les événements du monde extérieur[22], notamment lorsqu'il compare le rapport causal des nuages au vent et les rapports de signification du pissenlit ou de la graine d'érable au vent :

> Cependant il est des gens qui veulent faire du vent la cause des formes, sous prétexte qu'il exerce son action sur son objet, la plante, depuis des millions d'années. Seulement le vent agit depuis encore plus longtemps sur les nuages sans avoir réussi pour autant à leur donner une forme stable. La forme significative, celle qui dure, est toujours le produit d'un sujet [...]. Ce qui vaut du vent vaut aussi des autres facteurs de signification de la plante. [...] La chlorophylle est aussi peu l'œuvre du soleil que les nervures celle de la pluie[23].

Le caractère actif de la perception résulte chez Uexküll du fait que perception et action sont intimement corrélées dans les cercles fonctionnels (*Funktionskreis*) de l'animal, qu'elles sont en connexion structurale (*Gegengefüge*)[24]. Le milieu est pris entre les deux pinces des mondes de la perception et de l'action qui forment ensemble une connexion structurale,

21. *La connaissance de la vie*, *op. cit.*, p. 183-188.
22. Voir par exemple *Mondes*, p. 102.
23. *Ibid.*, p. 107.
24. *Ibid.*, p. 23, 24.

ou une construction intégrative[25]. Et c'est bien à partir des concepts de monde perceptif et de monde de l'action qu'il faut comprendre celui de milieu, comme le montre l'exemple canonique de la tique : aux trois excitations choisies par la tique – odeur de l'acide butyrique, touché de la densité capillaire et température du sang – répondent trois actions – se laisser tomber, explorer et perforer. Weizsäcker, dont le but fondamental est d'introduire le sujet en biologie, ne dit pas autre chose lorsqu'il affirme que je fais apparaître l'objet lorsque je me meus, vision et mouvement étant dans un seul et même acte : l'acte biologique. Afin de décrire l'entrelacs de la vision et du mouvement, c'est-à-dire ce que Uexküll théorise sous le nom de « cercle fonctionnel », il distingue d'une part l'espace euclidien de l'espace biologique, celui-ci étant une véritable *opération* du sujet[26], et d'autre part l'intégration physico-mathématique de l'intégration biologique : « [L'intégration biologique] n'est pas un système à proprement parler mais un agencement d'opérations biologiques dans un présent.[27] »

L'espace biologique est donc par essence centré, centré sur un sujet vivant. Le sujet compose cet espace et l'agence par intégration de son monde de l'action et de son monde de la perception. La thématisation par Uexküll de cet acte biologique sous le concept de cercle fonctionnel est une réponse extrêmement forte qu'il donne au behaviorisme et aux théories mécanistes de son époque.

---

25. Concept difficile à traduire qui indique à la fois la connexion et l'intégration. Il faut penser avec circonspection ce concept en rapport avec l'opération et l'intégration biologiques dont parle Weizsäcker.

26. *Le cycle de la structure*, *op. cit.*, p. 180-181.

27. *Ibid.*, p. 46. H. Driesch considère dans *Philosophie et organisme* que la troisième catégorie de la relation chez Kant est une catégorie caractéristique de l'organisme.

2. Le milieu ajusté au sujet

La vie est une activité d'ajustement. Comme la laisse entendre l'image uexküllienne du découpage et du taillage par l'organisme d'un milieu adéquat dans son environnement : « Les animaux se découpent le cercle vital qui leur convient – de la même façon que nous découpons des figures dans une feuille de papier.[28] » En *ajustant* son milieu, l'organisme vivant le compose à partir de lui et pour lui, c'est-à-dire à sa propre mesure ; il en est comme le reflet. La notion d'ajustement ne contredit pas celle de débat, car encore une fois, débat ne doit pas être compris comme combat – et la vie comme une lutte pour la survie –, mais comme arrangement, interaction, accommodation avec le milieu. C'est fondamentalement dans son opposition au concept d'adaptation (*Anpassung*) que celui d'ajustement (*Einpassung*) doit se comprendre. En effet, c'est contre le concept darwinien d'adaptation qu'Uexküll revendique pour la biologie le terme d'ajustement, et les *Excursions* énoncent dès leurs premières pages ce qu'il appelle la « première proposition fondamentale de la théorie des milieux » : « *Tous les sujets animaux, les plus simples comme les plus complexes, sont ajustés à leur milieu avec la même perfection.*[29] » Uexküll distingue en fait trois niveaux d'ajustement, de composition : il y a d'abord l'ajustement de l'organe et des parties d'organes qui forme le corps, puis l'ajustement entre le corps et son milieu, et l'ajustement, enfin, des milieux entre eux[30]. Il faut comprendre ces niveaux d'ajustement en fonction des concepts absolument centraux de *plan* et de *conformité au plan* (*Planmäßigkeit*) qui sont

---

28. *Die Lebenslehre*, *op. cit.*, p. 145.

29. *Mondes*, p. 24.

30. J. von Uexküll, « Die Einpassung », in A. Bethe, G. von Bergmann, G. Embden et A. Ellinger (éd.), *Handbuch der normalen und pathologischen Physiologie: Mit Berücksichtigung der experimentellen Pharmakologie*, Berlin, Springer, 1927, Bd. 1, p. 696.

au cœur de la conceptualité biologique d'Uexküll. Celui-ci parlera ainsi des plans de construction (*Bauplan*), de formation (*Gestaltungsplan*), des plans de performance (*Leistungsplan*), de germination, d'éclosion (*Sproßplan*)[31], un exemple privilégié étant celui de la tige de la fleur constituée de composants ajustés entre eux selon un plan[32]. Le premier paragraphe de la *Lebenslehre* (*La doctrine de la vie*), publié en 1930, affirme ainsi clairement que la doctrine des êtres vivants n'a qu'un seul objectif : l'investigation des plans.

Le premier niveau d'ajustement est celui de l'organe aux parties d'organes, et c'est principalement de la conformité du monde intérieur (*Innenwelt*) au plan dont il est question, et qui est au cœur de son premier ouvrage de référence publié en 1909, *Umwelt und Innenwelt der Tiere* (*Milieu et milieu intérieur des animaux*). Alors que la « synthèse moderne » n'avait pas encore été faite, et que le mendelisme était encore une alternative possible du darwinisme[33], c'est par l'intermédiaire de Mendel et de Morgan que la critique uexküllienne du darwinisme se met en place : les concepts de *conformité au plan* et de *plan de construction* doivent se comprendre par celui

---

31. *Die Lebenslehre*, *op. cit.*, p. 24 et p. 39-40.

32. *Mondes*, p. 98.

33. Comme le remarque justement Canguilhem, les premiers généticiens affirment « que l'évolution dépend beaucoup plus des propriétés intrinsèques des organismes que du milieu ambiant [...]. On trouvera chez Nietzsche une anticipation de ces idées » (*La connaissance de la vie*, *op. cit.*, p. 188-189). Nietzsche s'oppose fortement au lamarckisme, par exemple dans *La Volonté de puissance* (trad. G. Bianquis, tome I, Paris, Gallimard, 1937, p. 220) où il discute les questions d'adaptation, de conservation de l'espèce par les concepts de force plastique et de volonté de puissance : la volonté de puissance, la force plastique ont besoin d'un milieu extérieur qu'elles façonnent, déforment, informent.

de code (*Code*) et renvoient à l'ADN[34]. Uexküll remplace la notion d'entéléchie, employée notamment par le philosophe et biologiste Hans Driesch pour rendre compte de l'autonomie de la vie, par le concept de plan, ce dernier permettant plus généralement de penser une finalité immanente aux organismes. Un plan « n'est ni une substance ni une force » précise-t-il, mais il consiste en les « conditions ordinatrices qui régissent toute la nature[35] ». Affirmant dans sa *Biologie théorétique* publiée en 1920 que la signification de la découverte de Mendel est encore loin d'être comprise, Uexküll propose une approche de l'évolution des organismes et de leurs mutations à partir de la notion d'ajustement :

> Le fait que les mammifères à cou aussi bien court que long possèdent sept cervicales prouve que la mutation a seulement commencé une fois les sept germes de cervicales bien installés. Une histoire des embranchements partant de ce genre de point de vue ne sera possible que lorsque la doctrine de l'ajustement par saut aura expulsé la doctrine de l'adaptation graduelle[36].

Dans le chapitre de *La doctrine de la vie* intitulé « Doctrine de l'hérédité » (*Vererbungslehre*) où le plan est également appelé règle, Uexküll investigue la transmission des caractères, l'hérédité, et il reprend alors l'exemple célèbre de la couleur du plumage de la poule d'Andalousie qui dépend des croisements et des divisions chromosomiques. Il garde néanmoins ses distances avec les explications génétiques dans la mesure où le plan

34. « Par règle nous entendons la connexion de facteurs quelconques dans une unité. Le plan signifie plus précisément l'unité de relations spatiales. » J. von Uexküll, « Plan und Induktion », *Roux' Archiv für Entwicklungsmechanik der Organismen*, 1929, 116 (1), p. 36.

35. *Mondes*, p. 57 ; *Die Lebenslehre*, *op. cit.*, p. 24 *sq.*

36. *Theoretische Biologie*, *op. cit.*, p. 259.

de formation, absolument fondamental pour les théoriciens classiques de l'hérédité, dépend en dernier lieu du plan de performance qui le dirige et sur lequel nous reviendrons plus en détail ultérieurement. Autrement dit, ce n'est pas parce que l'homme, la souris et la girafe possèdent sept cervicales qu'ils peuvent incliner leur cou de telle ou telle manière et avec tel ou tel angle, mais plutôt parce qu'ils ont la capacité de le faire qu'ils possèdent sept cervicales.

Le second niveau d'ajustement concerne celui de l'être vivant à son milieu, car comme le précise Uexküll dans *Umwelt und Innenwelt der Tiere*, le plan de construction « ne s'exprime pas seulement à travers la structure de son corps, mais aussi dans les relations de celui-ci au monde qui l'entoure[37] ». L'ajustement au plan entre l'animal et son milieu s'oppose directement à la théorie darwinienne de la sélection naturelle par le milieu. Le darwinisme n'a jamais affaire à l'*Umwelt* mais toujours au *Milieu*, c'est-à-dire à un environnement absolument extrinsèque, comme le montre le fameux exemple de la phalène du boulot, papillon anglais dont les populations blanches et noires évoluent en sens inverse selon l'importance de la pollution de l'air par les poussières de charbon : un air pollué sélectionnera les individus noir, alors que les individus clairs seront favorisés par une atmosphère moins polluée. Comme le suggère le simple titre de son article publié en 1943 « La faute de Darwin ! », Uexküll est bien anti-darwinien. Le concept d'adaptation suppose en effet une extériorité du vivant à son milieu, alors que celui d'ajustement implique au contraire une unité, une complémentarité. Explicitant la critique uexküllienne du concept darwinien d'adaptation en se référant

37. J. von Uexküll, *Umwelt und Innenwelt der Tier*, Berlin, Verlag von Julius Springer, 1921 (2nd éd.), p. 4.

directement à *Umwelt und Innenwelt der Tiere*, Heidegger commente : « C'est l'inverse : l'organisme *s'ajuste* chaque fois à un environnement déterminé. Il ne peut s'ajuster à un environnement déterminé que dans la mesure où l'ouverture à chaque chose fait partie de son essence et que, sur la base de cette ouverture qui s'étend à travers tout le comportement (*Benehmen*), se crée un libre espace au sein duquel ce qui se rencontre peut rencontrer de telle ou telle façon.[38] » Penser en termes d'adaptation suppose ensuite de penser un milieu unique dans lequel tous les vivants se trouveraient, alors que les milieux sont pour Uexküll multiples et toujours individuels. Enfin, comme nous l'avons déjà vu, si le concept d'adaptation et l'idée de sélection *par* le milieu supposent une passivité de la part de l'organisme, l'ajustement renvoie quant à lui à une activité : le vivant ne subit pas son milieu mais compose activement avec lui, voire le compose. La conséquence capitale de ce renversement de perspective est que ce n'est pas le milieu qui sélectionne unilatéralement l'être vivant (c'est la théorie classique de la sélection naturelle par le milieu), mais bien le vivant qui sélectionne son milieu. Le chêne et le pissenlit ou la graine d'érable opèrent ainsi un choix, une sélection, parmi les facteurs naturels élémentaires[39] ; de la même manière les abeilles et les fleurs sont réciproquement composées en contrepoint par une règle de signification qui exprime le choix perceptif de l'abeille de ne distinguer que certaines couleurs (l'échelle chromatique de l'abeille est ainsi décalée par rapport à celle de l'homme en tirant dans les violets), que certaines odeurs et seulement entre les formes ouvertes (les fleurs) et les formes fermées (les boutons) : « Ainsi la fleur agit comme un ensemble

38. M. Heidegger, *Les concepts fondamentaux de la métaphysique*, Paris, Gallimard, 1976, p. 384-385 (trad. modifiée).

39. *Mondes*, p. 129.

de contrepoints sur l'abeille parce que ses mélodies de développement, si riches en motifs, ont agi sur la morphogénèse de l'abeille, et inversement.[40] » L'impulsion déclenchant la perception n'est pas électrique mais mélodique. C'est donc la règle de signification qui dirige l'ajustement de l'animal à son milieu, et l'accent mis sur l'ajustement comme conformité au plan (au plan de l'abeille ici) conduit bon gré mal gré Uexküll à un évolutionnisme fondé moins sur la phylogénèse que sur la morphogénèse.

Par ailleurs, en considérant que chaque animal, jusqu'au plus petit unicellulaire, est parfaitement ajusté à son milieu, Uexküll reproche fondamentalement au darwinisme et en particulier à Haeckel, son plus éminent représentant, de penser une évolution en terme de progrès vers une plus grande perfection. Très critique à l'égard de l'idée darwinienne d'évolution comme progrès, Uexküll pense néanmoins une phylogénèse, et on pourrait parler en ce sens d'un évolutionnisme post-darwinien comme le suggère Kalevi Kull dans son article « Uexküll and the post-modern evolutionism[41] ». En mettant en évidence l'évolution historique de la conception de la phylogénèse, Kull distingue entre la métaphore médiévale de l'échelle, celle moderne de l'arbre et celle qu'il appelle post-moderne du réseau (« ladder of life, tree of life, web of life »). Les métaphores de l'échelle de l'évolution et de l'arbre phylogénétique supposent une linéarité dirigée par une tendance, un progrès vers la perfection, et elles suggèrent une unité systématique dans laquelle tout se tient à partir d'un même point, à partir de l'origine commune. L'image du réseau correspond en revanche

40. *Ibid.*, p. 161, et sur l'abeille, voir notamment p. 52, 125, 140 et les planches 5a et 5b.

41. K. Kull, « Uexküll and the post-modern evolutionism », *Sign Systems Studies*, 32, 1/2, 2004.

à la conception uexküllienne de l'évolution, c'est-à-dire à la conception de l'unité des êtres vivant en termes de « rhizome », pour reprendre le terme de Deleuze[42]. Plus que la lutte pour la survie, Uexküll cherche à penser les co-évolutions, les symbioses, les mutualismes, les alliances, et le second niveau d'ajustement est ainsi à considérer comme une com-position, comme un contrepoint – contrepoint par exemple entre l'abeille et la fleur.

Le troisième niveau d'ajustement est finalement celui des milieux entre eux : « Où que nous regardions, nous découvrons [...] des ajustements réciproques des milieux accordés entre eux.[43] » Contrairement au darwinisme qui ne pense qu'un milieu unique, la récusation uexküllienne de la théorie de la sélection naturelle par *le* milieu ouvre la possibilité à la biologie de penser ce troisième niveau d'ajustement, c'est-à-dire l'ajustement des milieux entre eux dans ce qu'il appelle le « drame cosmique ». Ce qu'il faut entendre par drame cosmique, c'est l'histoire naturelle des espèces, c'est-à-dire la manière dont les espèces s'ajustent (ou non) entre elles. Se référant à Leopold von Ranke qu'il considère comme le plus grand historien allemand, Uexküll reprend à son compte sa critique du progrès historique en la transposant à l'histoire des animaux, c'est-à-dire à l'évolution[44]. L'évolution n'implique pas d'amélioration, mais un développement, une progression

42. Si Stephen Jay Gould critique également cette métaphore de l'arbre en proposant de lui substituer celle du buisson (ou celle de l'éventail), on pourrait encore penser à la substitution proposée par Deleuze de la figure de l'herbe à celle de l'arbre (l'arbre de la philosophie), l'herbe renvoyant à la manière de penser le rapport, par exemple entre la guêpe et l'orchidée, par les concepts de contre-point ou de synthèse disjonctive.

43. J. von Uexküll, « Die Rolle des Subjekts in der Biologie », *Die Naturwissenschaften* 19, 1931, p. 391.

44. *Mondes*, p. 157-159.

au sens où l'on peut dire qu'une mélodie progresse. Il faudrait ainsi penser l'histoire naturelle à partir du terme d'*époque*, précisément au sens que lui donne Ranke, c'est-à-dire comme un « groupe associé de milieux humains à l'intérieur d'une portion de temps limitée ». Cette définition concise n'emploie pas la notion de progrès et suggère ainsi qu'une nouvelle époque n'élève pas d'un degré de plus l'humanité. La critique d'Uexküll relève pratiquement d'une analyse sociologique des théories scientifiques lorsqu'il demande par son style percutant : « Ce progrès, tant vanté, qui est censé conduire les êtres vivants d'une origine imparfaite à un état de perfection toujours plus élevé, n'est-il pas au fond une vue de petits-bourgeois qui spéculent sur le bénéfice d'une bonne affaire ?[45] » Si l'analogie avec l'histoire fonctionne, c'est que l'être vivant est un sujet en débat avec son propre milieu :

> Dans les flots de la mer originelle, grouillaient des crabes simples mais complètement formés. Un long temps passa, puis vint l'apogée des céphalopodes dont les requins causèrent la fin. Des chauds marécages de la terre ferme surgirent les sauriens qui, de leurs corps gigantesques, poussèrent la vie jusqu'au paroxysme du grotesque[46].

Ce récit du drame cosmique qu'Uexküll brosse en quelques lignes est extrêmement proche de la manière dont Jules Michelet fait le récit, dans *L'oiseau*, de la décadence du héron, « grand seigneur ruiné, [...] roi dépossédé ». L'histoire des empires animaux dont il fait le récit décrit les luttes entre les espèces,

45. *Ibid.*, p. 157. C'est l'idée que la théorie de la sélection naturelle par le milieu est l'expression du modèle de la société bourgeoise, libérale et industrielle du XIXe siècle.

46. *Ibid.*, p. 157-158.

celles notamment des oiseaux contre les dinosaures, et des Pygmées contre les grues, etc., et les différentes *époques* au sens uexküllien du terme : l'âge intermédiaire des temps héroïques, l'époque meilleure pour le héron, puis l'époque du règne des hommes[47].

3. Biologie, signification et biosémiotique

Une véritable biologie est « vivante », attentive, pourrait-on dire, au phénomène de la vie ; elle doit s'émanciper de l'objectivisme mort de la physique. C'est une biologie fondée non pas sur la causalité, mais sur le sens, sur la signification, et Uexküll écrit sans ambiguïté : « C'est la signification qui doit servir de fil conducteur à la biologie.[48] » Contrairement à l'érosion par l'eau de la pierre, qui ne répond pas à une règle de signification mais qui subit passivement une loi causale, l'arbre répond quant à lui à la règle de signification par une activité d'interprétation et par un choix :

> L'arbre détourne à son profit la chute des gouttes de pluie et se mobilise tout entier contre la tempête. Cependant ni les odeurs ni les ondes sonores n'agissent sur lui. C'est la même règle de signification qui, aujourd'hui comme il y a des millions d'années, opère ce choix dans les facteurs naturels élémentaires, les fait tinter comme une mélodie spécifique dans le carillon vivant des cellules du chêne[49].

---

47. J. Michelet, *L'oiseau*, Première partie, VI, in *La Nature*, Paris, Larousse, 1930, p. 30-32.

48. *Mondes*, p. 106.

49. *Ibid.*, p. 129. Sans s'opposer à cette idée de choix dans les facteurs naturels élémentaires, on peut néanmoins se demander si les ondes sonores voire même les odeurs n'agissent pas quand même sur certains végétaux.

En opposant le concept de motif à celui de cause, Buytendijk défend dans le sillage d'Uexküll[50] une biologie fondée sur la signification et s'oppose à une biologie qui serait purement explicative, analytique, entièrement réductible aux lois physiques. Alors que la cause est la modification quantitative d'un état – la pesanteur est ainsi la cause de la pierre qui tombe –, le motif agit quant à lui qualitativement, c'est-à-dire par sa signification, et Buytendijk prend l'exemple de la réaction au froid chez l'homme et chez l'animal à sang chaud :

> L'homme sait, par sa propre expérience, que ces réactions de régulation sont suscitées par la sensation de froid. Si cette sensation fait défaut, par exemple si le sujet est sans connaissance, un refroidissement violent détermine un abaissement de la température interne et peut amener la congélation des membres. [...] Le simple frisson involontaire est déjà une réaction directe à la signification de refroidissement. La situation significative suscite le comportement qui y répond. Il suffit de suggérer la sensation de froid pour motiver le comportement correspondant. [...] dans le cas du refroidissement, ce n'est pas le stimulant physique qui agit, mais sa signification[51].

C'est dans le même sens que Merleau-Ponty affirme dès 1942 que « l'objet de la biologie est impensable sans les unités de signification qu'une conscience y trouve et voit s'y déployer[52] », et il précisera dans ses cours sur la Nature : « Il y a deux façons

---

50. Il est remarquable de voir que dans une note, Weizsäcker écrit : « Buytendijk (*Wege zum Verständnis der Tiere*, Zurich, Leipzig, Niehan, 1939) me paraît être, parmi tous les biologistes actuellement vivants, celui qui a vu le plus clairement les conséquences de cette théorie du milieu ambiant qui se rattache surtout à v. Uexküll. » *Le cycle de la structure*, *op. cit.*, p. 208.

51. F.J.J. Buytendijk, *L'homme et l'animal*, trad. R. Laureillard, Paris, Gallimard, 1965, p. 38.

52. M. Merleau-Ponty, *La structure du comportement*, Paris, PUF, 1942, p. 218.

de considérer une inscription sur une vieille pierre : on peut se demander comment cette inscription a pu être tracée, mais on peut aussi chercher à savoir ce qu'elle veut dire.[53] » Dans sa nouvelle intitulée *Der Stein von Werder* (*La pierre de Werder*), Uexküll met en scène les différentes interprétations de l'inscription gravée sur la pierre de Werder, qui possède finalement autant de significations que de lecteurs – cette pierre, bien réelle, a été transportée de l'île de Werder (Mer Baltique) sur l'île de Pucht, dans la résidence d'été de Uexküll. C'est en ce sens que pour Canguilhem la « théorie générale du milieu, d'un point de vue authentiquement biologique[54] », telle qu'on la trouve principalement chez Uexküll ou Buytendijk, ne consiste pas à établir des connexions causales, mécaniques, mais des relations motivées, des relations de signification – relation motivée de l'homme au froid, ou relation de signification de la plante au vent. Si la signification doit servir de fil directeur à la biologie, c'est que la nature est intrinsèquement sémiotique. Mais une biologie centrée sur l'essence sémiotique du vivant n'implique-t-elle pas une certaine métaphysique, un paradigme gnoséologique bien particulier ?

Comme le montre Canguilhem, biologie et physique impliquent deux métaphysiques différentes, métaphysique étant pris ici dans un sens assez large. Alors que la science newtonienne reposerait, selon Canguilhem, sur une métaphysique pour laquelle il existe un milieu unique, infini, indifférencié et inscrit dans un espace homogène reflétant l'ubiquité de Dieu, la biologie fondée sur la signification impliquerait quant à elle une métaphysique dans laquelle une infinité de milieux particuliers, finis, et centrés sur les êtres vivants s'inscrivent dans un espace

53. M. Merleau-Ponty, *La nature*, Paris, Seuil, 1995, p. 245.
54. *La connaissance de la vie*, *op. cit.*, p. 123.

hétérogène. Ce « subjectivisme » impliqué par l'existence d'une infinité de milieux particuliers, est d'emblée indiqué par le pluriel du titre allemand *Streifzüge durch die Umwelten von Tieren und Menschen*, pluriel que la première traduction française réserve étrangement aux animaux et que la seconde ignore totalement. La métaphysique uexküllienne – Uexküll emploie lui-même le terme – prolonge d'abord explicitement la théorie kantienne de la connaissance, notamment en ce qui concerne l'idée d'une subjectivité des vivants, mais ce prolongement de Kant est chez notre biologiste indissociable d'un retour, à un autre niveau, au perspectivisme leibnizien.

Fidèle au réalisme empirique kantien selon lequel les manifestations sensibles sont de simples représentations, et non pas des choses en soi c'est-à-dire des choses subsistantes par elles-mêmes en dehors de notre pensée, Uexküll écrit dans *La doctrine de la vie* :

> Chaque monde perceptif est, pour le dire avec Kant, une manifestation subjective. La conséquence inéluctable de cette connaissance, c'est qu'il existe autant de mondes perceptifs que de sujets vivants – et que notre monde perceptif, parce qu'il dépend de notre capacité subjective de percevoir, ne peut en aucun cas prétendre être plus objectif et plus réel que les mondes perceptifs des animaux[55].

Quatre ans plus tard, il dira dans le même sens :

> Plus nous nous sommes enfoncés dans l'étude des milieux et plus nous avons dû admettre qu'en eux interviennent des facteurs agissant auxquels

55. *Die Lebenslehre*, p. 131. Uexküll écrivait déjà dans sa *Biologie théorétique* de 1920, c'est-à-dire 10 ans plus tôt : « Toute réalité est un phénomène subjectif » (*Theoretische Biologie*, *op. cit.*, p. 2).

> on ne peut attribuer aucune réalité objective. [...] Ainsi y a-t-il dans les milieux des réalités purement subjectives[56].

Insistant sur la finitude humaine qui repose dans notre faculté toujours sensible de connaître, c'est-à-dire dans la nature sensible de la perception humaine et plus généralement animale, Uexküll abandonne Kant pour retrouver Leibniz lorsqu'il affirme l'existence de l'infinité des points de vue. Récusant l'idée d'un milieu unique pour défendre un perspectivisme qui implique la multiplicité des centres subjectifs de référence, voire l'infinité de ces « centres » (*Mittelpunkten*), Uexküll écrit dans *Der Stein von Werder* :

> Par monade [...], le grand philosophe Leibniz entend une sorte de bulle de savon dans laquelle tous les hommes et tous les animaux doivent se trouver – chacun dans sa monade, complètement isolé par celle-ci de toutes les autres monades. Chacun voit devant lui un monde et le considère comme la scène mondiale commune. Mais en vérité il s'agit simplement d'une monade éminemment personnelle, qui peut être fondamentalement différente du monde que son voisin voit devant lui[57].

Cette critique de l'idée classique de monde, par essence unique et objectif, se retrouve encore dans les pages plus connues des *Excursions* consacrées à la « fiction d'un espace universel » :

> Nous nous berçons trop facilement de l'illusion que les relations que le sujet d'un autre milieu entretient avec les choses de son milieu se déroulent seulement dans le même espace et le même temps que les relations qui nous lient aux choses de notre milieu humain. Cette illusion

56. *Mondes*, p. 84.

57. *Der Stein von Werder*, Hambourg, Christian Wegner Verlag, 1940, p. 55. Voir aussi p. 63.

est nourrie par la croyance en l'existence d'un monde unique dans lequel sont imbriqués tous les êtres vivants[58].

La biologie uexküllienne prend en fait la forme d'un perspectivisme de type leibnizien, dans lequel la nature baroque est découpée par l'infinité des points de vue des organismes vivants, des monades. Ainsi dans le milieu de l'astronome décrit par notre biologiste, « soleil et planètes gravitent majestueusement. [...] Et cependant le milieu entier n'est qu'une infime partie de la nature, découpée selon les capacités d'un sujet humain[59] ». Malgré sa taille, le milieu de l'astronome est d'une grandeur infinitésimale. Si Uexküll choisit précisément l'exemple de l'astronome dont le point de vue est médiatisé par un immense instrument optique (un télescope), qui est un véritable prisme et que Thure von Uexküll, son fils, schématise dans la conclusion des *Excursions* au moyen d'un cône[60], c'est qu'il montre parfaitement que chaque objet passe par le prisme du point de vue et varie en fonction de lui. Étonnement, c'est précisément l'exemple des coniques que prend Deleuze lorsqu'il illustre géométriquement le perspectivisme leibnizien, la théorie des coniques exprimant une perspective de la variation :

> L'exemple le plus célèbre est celui des coniques, où la pointe du cône est le point de vue auquel on rapporte le cercle, l'ellipse, la parabole, l'hyperbole et même la droite et le point, comme autant de variantes d'après l'inclinaison du plan de coupe (« scénographies »). Toutes ces figures deviennent autant de manières dont se plie un « géométral »[61].

---

58. *Mondes*, p. 29.
59. *Ibid.*, p. 89.
60. *Streifzüge durch die Umwelten von Tieren und Menschen – Bedeutungslehre* (1934 et 1940), Hamburg, Rowohlt, 1956, illustration 55, p. 100.
61. G. Deleuze, *Le pli*, Paris, Éditions de Minuit, 1988, p. 28-29.

Dans la théorie des coniques, le centre du monde (géocentrisme, héliocentrisme) disparaît pour laisser place à l'infinité des sujets qui deviennent points de vue pour autant qu'ils représentent « la variation ou l'inflexion ». Cette perspective baroque implique un nouveau modèle optique de la vision dans lequel l'objet « n'existe plus qu'à travers ses métamorphoses ou dans la déclinaison de ses profils[62] ». En effet, en même temps qu'il y a variation du point de vue subjectif, la permanence de l'objet disparaît, et celui-ci « prend place dans un continuum par variation », il devient *fonction* : « L'objet ne se définit plus par une forme essentielle, mais atteint à une fonctionnalité pure [...] Appelons *objectile* ce nouvel objet.[63] » La tique ne perçoit pas de mammifère comme objet unifié et permanent dans le temps, mais un objectile ou, dans la conceptualité uexküllienne, un porteur de signification variant en fonction des tonalités subjectives de l'acarien. Ce que l'on peut appeler l'objet mammifère est donc dans le milieu de la tique l'odeur de l'acide butyrique, *puis* une température, et *enfin* un certain toucher. De même, le porteur de signification « anémone de mer » est fonction de la variation du point de vue subjectif, fonction des inflexions des tonalités du bernard-l'ermite. Et Deleuze de conclure : « C'est une conception non seulement temporelle, mais qualitative de l'objet, pour autant que les sons, les couleurs, sont flexibles et pris dans la modulation. C'est un objet maniériste, et non plus essentialiste : il devient événement.[64] »

Alors que l'adaptation présuppose un *monde déjà-là*, une réalité déjà présente, le concept d'ajustement implique au contraire une co-originarité ou une co-appartenance de l'être vivant et de son milieu au sens où les porteurs de significations

62. *Ibid.*, p. 30.
63. *Ibid.*, p. 26.
64. *Ibid.*, p. 26-27.

dans le milieu du sujet sont fonction, au sens mathématique du terme, de celui-ci. En prolongeant à sa manière la réflexion uexküllienne, Weizsäcker pense cette co-originarité du sujet et de son milieu en termes d'actions réciproques : « Car tous deux [organisme et milieu] sont là dès le début. L'organisme agit sur le milieu en même temps que le milieu sur l'organisme.[65] » Ainsi le monde n'existe pas en tant que totalité unique, contiguë, étalée sous nos yeux, comme nous avons, à tort, l'habitude de le penser, mais seule existe une nature multiple, éclatée en une infinité de monades connectées entre elles[66]. De même que la théorie des coniques enseigne que sans point de vue, « il n'y aurait que désordre et même chaos[67] », la conclusion des *Excursions* pose qu'en l'absence de point de vue sur la nature, celle-ci serait simple chaos. Ce perspectivisme baroque implique en fait un certain relativisme au niveau de la théorie de la connaissance, une relativité au niveau « métaphysique », ce que dénonce par exemple Goldstein lorsqu'il critique ce « relativisme épistémologique ». Alors que toute connaissance de la réalité, même scientifique, est pour Uexküll dépendante d'un point de vue subjectif et particulier, la réalité possède au contraire pour Goldstein une structure indépendante de tout point de vue, et il s'oppose en ce sens à ce qu'implique l'idée même de monade, à savoir l'intrication absolue du sujet et de son milieu, l'enveloppement de celui-ci par celui-là. Parmi les prolongements nombreux de la doctrine « avant-gardiste » du milieu, c'est la biosémiotique (biologie de la signification) qui assumera l'héritage métaphysique ou épistémologique de cette doctrine, jusqu'à en faire une véritable ontologie biologique.

---

65. *Le cycle de la structure*, *op. cit.*, p. 171.
66. *Mondes* p. 93.
67. *Le pli*, *op. cit.*, p. 30.

La thèse uexküllienne selon laquelle la signification doit servir de fil directeur à la biologie[68] est mise en pratique par l'école de Tartu dont l'ambition déclarée est de poursuivre l'investigation ontologique sur le milieu (*Umweltforschung*). En nommant l'organisme vivant *modeling system*, l'école de Tartu met en évidence le fait que dès le niveau de la perception ou même des échanges sanguins, le vivant *modèle*, façonne son propre milieu, son *Umwelt*, comme le sculpteur modèle l'argile pour former une statue. Le terme *modeling* suggère la force à la fois sémiotique et plastique de l'être vivant, et il faudrait le rendre en français par celui d'*information* qui permet de faire le lien entre le code génétique (le génotype) et la forme vivante, physique ou comportementale (le phénotype). L'activité de l'être vivant comme *modeling-system* relèverait alors de la normativité et de l'interprétation de signes. En pensant les fondements d'une ontologie sémiotique, Uexküll jette rétrospectivement les fondements de ce que Sebeok appellera biosémiotique. Pour la biosémiotique, l'unité de la vie n'est donc ni la molécule ni la cellule, mais le signe et son sens, et l'organisme est essentiellement interprète[69]. Le réel, ce qui *est*, consiste en des significations. Ainsi, la subjectivité n'est pas une substance fixe, un substrat, mais une puissance sémiotique, et les centres doivent se penser comme des centres de référence qui produisent des normes, du sens. « L'être d'un organisme, c'est *son sens* » dit encore Canguilhem lorsqu'il confronte Uexküll avec Goldstein[70]. Il faut

---

68. *Mondes*, p. 117.

69. K. Kull, « Organism as a self-reading text: anticipation and *semiosis* », in *International Journal of Computing Anticipatory Systems*, vol. 1, 1998, p. 93-104.

70. *La connaissance de la vie*, *op. cit.*, p. 188. Dans *Besoins et tendances* (Paris, Hachette, 1952), recueil de textes choisis par Canguilhem, celui-ci reprend dans le même sens un texte de L. Bounoure affirmant que l'existence dépend de la valeur : n'existe que ce qui a de la valeur. « Le terme de *valeur* exprime la façon dont s'établit le contact de l'être vivant avec les circonstances du monde extérieur ; certaines de ces

donc penser la formation, le modelage (*modeling*) du milieu comme une in-formation (génétique et plastique) et le plan comme code (l'ADN et l'ARN messager par exemple), ce plan n'étant ni force ni substance, mais condition régulatrice. À partir des concepts uexkülliens, la biosémiotique investit aujourd'hui le domaine de la génétique pour, par exemple, aborder le langage des protéines ou le comportement des bactéries.

II. MÉCANISME ET VITALISME

1. Le vitalisme comme exigence de la vie

Comme nous l'avons vu, le geste fondamental d'Uexküll est de considérer les êtres vivants, les animaux, comme des sujets, c'est-à-dire comme des machinistes. Cette thèse révèle toute son originalité lorsqu'on la replace dans le contexte du conflit opposant les tendances mécaniste et vitaliste de la biologie. Si Uexküll est d'abord proche des mécanistes par son travail de physiologie comparée, et l'on pourrait en ce sens parler d'un « premier Uexküll », il demeurera finalement plus proche du vitalisme, tout en se gardant de se définir comme vitaliste. Ayant été fortement marqué par Driesch, le vitaliste le plus important en Allemagne qui s'est entre autres réapproprier

---

circonstances lui sont indifférentes, mais il en est d'autres dont dépend l'insertion même des êtres animés dans le monde, et le fonctionnement vital consiste dans une incessante expérience où s'affirment le discernement et le choix de valeurs, qui sont par là même définis comme valeurs vitales. En ce sens, la vie est un perpétuel jugement de valeurs.

Comme l'ont montré les travaux de von Uexküll et de son école, non seulement la sensibilité et l'activité de l'animal sont orientées vers ce qui présente un intérêt pour sa vie, mais chaque espèce n'a avec l'univers qu'un contact partiel : le reste du monde est pour elle sans valeur et pour ainsi dire sans existence ; sa nature constitutive et physiologique lui découpe dans le milieu ambiant un univers limité et suffisant, un *Umwelt* propre, qui lui est à la fois une source de stimulations et un champ d'action, plus ou moins bornés et adaptés à ses besoins. » *Besoins et tendances*, *op. cit.*, p. 74-75.

le concept aristotélicien d'entéléchie, Uexküll prend pour principal adversaire Loeb et la théorie mécaniste des tropismes. Le débat d'Uexküll avec le mécanisme traverse toute son œuvre, il est omniprésent dans ses livres, ses articles, dans les titres de chapitres, etc. Il ne prend cependant pas position dans la confrontation *théorique* entre mécanistes et vitalistes, et traverse ce débat pour ainsi dire *par le milieu*. Il faut donc relativiser l'importance apparente de ce débat historique et en déterminer le véritable enjeu, sans essayer de montrer qu'Uexküll serait de tel ou tel bord.

Malgré son entreprise théorique absolument exceptionnelle, Uexküll est réticent à défendre la vérité d'une théorie ou d'une position théorique en général, la seule chose comptant pour lui étant l'*observation* de la nature, des faits, de la vie. En effet, toute théorie enferme, morcelle, découpe la nature par son caractère essentiellement analytique. Et Uexküll de relativiser dans la conclusion des *Excursions* la portée apparemment universelle de l'astronomie, science que l'on pourrait penser être la plus globale : bien que le milieu de l'astronome englobe les plus lointaines étoiles, son milieu « n'est qu'une infime partie de la nature, découpée selon les facultés d'un sujet humain[71] ». C'est plus généralement la finitude humaine qu'il souligne lorsqu'il trace les limites de nos milieux humains dans la conclusion de la *Théorie de la signification*[72]. En suivant cette conviction que l'on serait tenté de juger pessimiste voire résignée pour un scientifique, il faudrait alors généraliser à toute théorie cette affirmation de Heisenberg : « Les lois de la nature que nous formulons mathématiquement dans la théorie quantique ne traitent plus des particules élémentaires en soi, mais de notre *connaissance*

71. *Mondes*, p. 89.
72. *Ibid.*, p. 173.

des particules élémentaires.[73] » En effet, toute connaissance est fonction d'un processus d'observation qui interagit avec ce qui est observé. La position du biologiste balte pourrait finalement se résumer à cette formule de la *Théorie de la signification* :

> L'expression « théorie de la composition naturelle » peut induire en erreur, puisque la nature ne dispense pas de théorie. Par « théorie » on n'entendra ici qu'une généralisation des règles que nous croyons découvrir en étudiant la manière dont la nature compose[74].

La fraîcheur et la vitalité de l'œuvre d'Uexküll rappellent celles des écrits naturalistes de Goethe. « Grises sont les théories, mon ami, disait un jour Goethe, mais le bel arbre de la vie est toujours vert. » Comme Philippe Muller le souligne dans la préface de *Mondes animaux et monde humain*, ce mot de Goethe vaut pour Uexküll lui-même[75]. Dans *La structure de l'organisme*, Goldstein explicite ce rapport tout particulier, vivant, du biologiste à son objet d'étude, rapport peut-être suspect comparé à l'objectivité froide que l'on pourrait supposer être de rigueur chez un scientifique : « La connaissance biologique est l'acte créateur toujours répété par lequel l'Idée de l'organisme devient pour nous de plus en plus un événement vécu, une espèce de vue, au sens que lui donne Goethe, vue qui ne perd jamais contact avec des faits très empiriques.[76] » Comment mieux définir le travail d'Uexküll à la fois théorique, par exemple dans la création d'une conceptualité féconde, et empirique, à l'instar de ses très nombreuses expérimentations – un travail qui tente

73. W. Heisenberg, *La nature dans la physique contemporaine*, Paris, Gallimard, 1962, p. 18.

74. *Mondes*, p. 131.

75. *Ibid.*, p. 5.

76. *La structure de l'organisme*, *op. cit.*, p. 318.

de comprendre l'organisme d'une manière aussi vivante que les promenades qu'il nous propose de faire, aussi vivante que les illustrations par Georges Kriszat et Franz Huth de ses livres, aussi vivante encore que sa nouvelle *Der Stein von Werder*, où l'Idée dont parle Goldstein devient bien un événement vécu.

Par un dialogue permanent avec les scientifiques de son époque, avec la physiologie, la génétique, la psychologie, la physique, avec les travaux de Müller, Hediger, Darwin, Spemann, Lorenz, Driesch ou encore Goethe lui-même, Uexküll ne se laisse enfermer dans aucune théorie, car si la théorie tue par définition son objet, la connaissance biologique, ou plutôt l'observation naturaliste s'efforce de garder son sujet d'étude vivant au sens propre et figuré du terme. Comme en témoigne sa femme Gudrun à travers deux anecdotes biographiques et révélatrices, « [Uexküll] disait souvent : "chercher des règles pour des exemples, et non des exemples pour des règles, c'est la seule chose qui donne au travail du chercheur en sciences de la nature sa valeur et sa noblesse" ». Uexküll aurait encore répondu par son style tout à fait admirable à un collègue, Adolf Meyer-Abich, qui voulait le persuader de la pertinence de sa conception holistique de la nature : « Dame Nature porte de nombreux vêtements que nous lui taillons afin que nous puissions la voir. La robe holistique n'est, elle aussi, qu'une robe parmi d'autres, et qui sait combien de temps elle est disposée à la porter.[77] »

L'introduction de *La doctrine de la* vie montre très clairement que la bio-logie, c'est-à-dire littéralement la *Lebens-lehre*, s'intéresse aux êtres *vivants*, ce que ne fait pas l'approche mécaniste omnibulée par les facteurs matériels. C'est précisément à ce titre qu'Uexküll considère le vitalisme comme une exigence de la vie,

77. Gudrun von Uexküll, *Jakob von Uexküll. Seine Welt und seine Umwelt*, Hambourg, Christian Wegner Verlag, 1964, p. 36-37.

comme une idée régulatrice pour la biologie expérimentale. Mais avant d'en venir, dans ce même livre, à la critique des tropismes de Loeb, Uexküll relativise ironiquement ce débat entre mécanistes et vitalistes en soulignant la pauvreté de l'alternative entre les deux théories :

> Les mécanistes, qui parlent si volontiers du milieu en entendant toujours par là l'environnement, devraient néanmoins se demander s'ils veulent accorder ou non un monde perceptif aux animaux. Mais il n'est pas facile de répondre à la question : « Un animal perçoit-il quelque chose ? » Si l'on répond « oui », on est un vitaliste qui recourt à des facteurs immatériels. Si l'on répond « non », il faut fonder mécaniquement toutes les actions de l'animal, ce qui est impossible. C'est la raison pour laquelle les mécanistes se sont entourés d'un mur constitué entre autres de tropismes, taxismes, phobismes, etc., pour se mettre à l'abri de ce genre de questions désagréables[78].

Finalement, l'opposition entre vitalisme et mécanisme n'est un enjeu pour Uexküll que dans la mesure où elle renvoie à celle entre la vie et la mort. C'est donc par rapport à la doctrine de la vie qu'il faut situer le débat entre le mécanisme et le vitalisme. Il faut le rappeler, la *bio*-logie traite de la vie. Sans compter les dizaines d'articles d'Uexküll se rapportant à la vie, rappelons quelques titres de ses livres qui ont affaire directement à la vie (*Leben*) : *Natur und Leben* (1928), *Der Sinn des Lebens* (1947), *Das allmächtige Leben* (1950). Dans le dernier chapitre de *La doctrine de la vie*, Uexküll écrit ainsi :

> J'affirme que les mécanistes ne peuvent rien énoncer sur la mort parce qu'ils ne connaissent absolument pas la vie. Qui n'a jamais jeté un oeil sur le grand champ de l'univers des milieux où se déploie l'action de la vie,

78. *Die Lebenslehre*, *op. cit.*, p. 131.

> et se contente de gonfler son propre milieu jusqu'à un cosmos infini et d'évacuer toutes les propriétés de la vie, celui-là n'a aucune idée de la puissance du monde – vie[79].

Uexküll considère le sujet vivant, comme nous l'avons vu, comme le *centre* du milieu qu'il crée, et notamment dans *La doctrine de la vie* il oppose l'organisation centrifuge du vivant au mouvement centripète du mécanisme :

> La formation d'un organisme se distingue en des points essentiels de la formation d'un mécanisme par l'homme. Indépendamment du fait que le plan de formation est autonome dans le premier cas et hétéronome dans le second, les traits fondamentaux des plans sont en eux-mêmes différents. [...] La formation organique se déploie de manière centrifuge, la formation du mécanisme de manière centripète[80].

Cette opposition sera reprise dix ans plus tard dans la *Théorie de la signification* par les exemples de la montre et du triton :

> Tout au contraire, la croissance d'un animal, comme le triton, est toujours organisée de manière *centrifuge* à partir de son germe ; d'abord *gastrula* il s'enrichit ensuite de nouveaux bourgeons qui évoluent en organes différenciés. Dans les deux cas, il existe un plan de construction ; dans la montre, il régit un processus centripète, chez le triton, un processus centrifuge[81].

Ce mouvement centrifuge, processus essentiellement vitale, est en fait la manifestation de ce qu'Uexküll désigne sous le concept de signification. L'originalité, la force, et tout le « mérite »

79. *Ibid.*, p. 158.
80. *Ibid.*, p. 32.
81. *Mondes*, p. 113.

de ce concept, contrairement par exemple à celui d'entéléchie, est qu'il permet de rendre compte de la vie sans introduire une quelconque « force vitale » qui resterait « métaphysique » au sens péjoratif du terme. Le mouvement centrifuge propre à l'être vivant, son plan de construction, est donc dirigé par son « plan de signification », et Uexküll précise dans ces mêmes lignes consacrées au mouvement centrifuge de l'organisme que c'est « le plan de signification du myxomycète d'Arndt [qui] contraint les amibes à former le corps du champignon[82] ».

C'est donc au moyen du concept de signification qu'Uexküll parvient à plonger dans la subjectivité des êtres *vivants*, à s'introduire dans leur *vie*, et à dépasser ce qui peut apparaître comme un paradoxe pour qui reste prisonnier du débat stérile entre mécanistes et vitalistes, à savoir l'existence du mécanicien dans le mécanisme. Dès l'introduction des *Excursions* Uexküll écrit ainsi :

> Quiconque veut s'en tenir à la conviction que les êtres vivants ne sont que des machines, abandonne l'espoir de jamais porter le regard dans leur monde vécu. [...] C'est alors que s'ouvre la porte qui conduit aux mondes vécus, car tout ce qu'un sujet perçoit devient son monde de la perception, et tout ce qu'il fait son monde de l'action. Monde d'action et de perception forment ensemble une totalité close, le *milieu*, le *monde vécu*[83].

Le texte « Aspects du vitalisme » de Canguilhem est éclairant pour comprendre ce rapport tout particulier qu'Uexküll entretient avec le vitalisme, même s'il n'est pas directement question de ce dernier dans ce texte – Canguilhem se réfère à Driesch, Goldstein, Müller ou encore von Baer, penseurs extrêmement proches d'Uexküll. Il écrit ainsi : « Le vitalisme

82. *Ibid.*, p. 113.

83. *Ibid.*, p. 13-15. Notons le souci de retour au monde vécu de la tradition phénoménologique.

traduit une exigence permanente de la vie dans le vivant, l'identité avec soi-même de la vie immanente au vivant.[84] » Uexküll ne cherche pas à établir la vérité du vitalisme ou à prouver sa valeur, mais bien plutôt à en faire « une exigence plutôt qu'une méthode, une morale plus qu'une théorie[85] ».

2. Un mécanisme impur

Dès leur avant-propos, les *Excursions* écartent la conception mécaniste du vivant qui considère l'animal comme une machine, comme un assemblage de « chose-pour-agir » et de « chose-pour-percevoir » reliées par un appareil de guidage, le système nerveux. Même si l'empreinte de la *Critique de la faculté de juger* est discrète dans l'œuvre de Uexküll, ce dernier fait sienne, dans la *Méthode dans l'étude de la biologie expérimentale des animaux aquatiques* de 1905, la distinction entre mécanisme et organisme établie par Kant à partir du concept de *finalité sans fin* : « Nous pouvons appréhender la différence entre les machines et les organismes de la manière suivante : les machines sont des finalités qui répondent à une fin, alors que les organismes sont des finalités sans fin.[86] » Plus généralement, il retrouve et reprend à son compte la conception toujours kantienne de la machine comme « chose-pour ». Dans le paragraphe 65 de la *Critique de la faculté de juger*, Kant définit la machine en prenant l'exemple de la montre : chaque partie existe *pour* l'autre et non pas *par* l'autre. La machine possède la force motrice, mais pas l'énergie formatrice capable à la fois de se communiquer à une matière extérieure et de se propager. Le mécanisme n'est pas moteur et la machine ne se suffit pas

84. *La connaissance de la vie*, *op. cit.*, p. 109.

85. *Ibid.*, p. 111.

86. J. von Uexküll, *Leitfaden in das Studium der experimentellen Biologie der Wassertiere*, Wiesbaden, Verlag von J. F. Bergmann, 1905, p. 6.

à elle-même puisqu'elle doit recevoir d'ailleurs un mouvement qu'elle transforme : « Il est donc indispensable à la formation d'une explication mécanique des phénomènes organiques, écrit Canguilhem en creusant la différence entre la machine et l'organisme, qu'à côté des machines au sens de dispositifs cinématiques, existent des machines au sens de moteurs, tirant leur énergie, au moment où elle est utilisée, d'une source autre que le muscle animal.[87] » Le premier moteur chez Aristote et l'entéléchie chez Driesch assumeront ainsi cette fonction de force formatrice, productive, de même que le mécanicien animant sa machine chez Uexküll.

Même si les formes du mécanisme peuvent aller selon le baron d'un mécanisme rigide à un « dynamisme plastique » – nous faisons l'hypothèse qu'il se réfère directement à *Dynamisme plastique. Peinture et sculpture futuriste*, manifeste futuriste d'Umberto Boccioni publié en 1914[88] –, le reproche fondamental adressé par Uexküll à la conception mécaniste du vivant est qu'elle évacue la notion de sujet, et avec elle l'idée d'activité. Les animaux, comme les hommes, ne sont donc pas seulement des choses (assemblage d'organes) mais des sujets « dont l'activité essentielle réside dans l'action et la perception », activité pouvant aller jusqu'à la capacité d'inventer, par exemple de nouveaux chants, et plus généralement de nouveaux comportements. L'objectif est clair, il faut découvrir « le mécanicien qui existe dans les organes, comme nous dans notre corps propre ». En fait, Uexküll envisage non pas un seul mécanicien qui serait l'âme, mais bien une infinité de mécaniciens dans tous les organes, voire dans toutes les cellules. Sa conception du vivant est comme nous l'avons déjà vu baroque : le vivant est transi par la vie de l'intérieur,

87. *La connaissance de la vie*, *op. cit.*, p. 132 puis p. 134.

88. U. Boccioni, *Dynamisme plastique. Peinture et sculpture futuriste*, Lausanne, L'âge d'homme, 1975, en particulier chap. xvii.

chaque cellule, chacun de ses plis, est peuplé de mécaniciens. Les plans (de signification, de construction, de formation,...) sont dépliés par l'être vivant, et virtuellement par le biologiste. Ils relèvent du palimpseste, palimpseste biologique composé de plis qui se sont formés au cours de l'évolution (génotype et phénotype). Il y a chez Uexküll différents plis : d'abord au sein de chaque organisme, de chaque organe et même de chaque cellule il existe un pli entre le mécanisme et le mécanicien, entre les faces internes et externes, de même qu'il existe chez Leibniz un pli entre la matière et l'âme. Vient ensuite le pli entre l'organisme et son milieu, le pli formé par le débat : la causalité simple du mécanisme, de Descartes ou de Loeb, s'oppose à cette pliure dynamique fonction de la faculté de l'interprétation du motif par l'organisme. qui supposent des angles différents. Nous verrons que ce pli est *in fine* fonction de la perception par l'organisme de son milieu. Plis entre deux organismes enfin, comme celui que forme par exemple la toile entre la mouche et l'araignée.

Le premier chapitre des *Excursions* prend la forme d'un débat entre le biologiste et le physiologiste, figure ici du mécaniste[89]. Uexküll commence par demander : « La tique est-elle une machine ou un mécanicien, est-elle un simple objet ou un sujet ?[90] » Abordant la théorie physiologiste de l'animal comme arc réflexe pour pouvoir ensuite s'y opposer, le débat se poursuit : « Le physiologiste poursuit sans se laisser déconcerter : "On voit justement chez la tique que toutes les excitations reposent finalement sur des réflexes et l'arc-réflexe forme

89. Les premiers travaux d'Uexküll ayant été précisément des travaux en physiologie, cette critique de la physiologie révèle que cette dernière a de nombreux visages, dont au moins un mécaniste.

90. *Mondes*, p. 19.

le fondement de toute machine animale".[91] » Reprenant les travaux du physiologiste vitaliste Johannes Müller, Uexküll oppose le fonctionnement d'une machine au fonctionnement du muscle. Si la cloche sonne lorsqu'elle est balancée, elle n'émet cependant aucun son lorsqu'on veut l'exciter électriquement, par le chaud, le froid, par l'acide, etc. ; le muscle, quant à lui, répond toujours par une contraction quelle que soit l'excitation. Le muscle, et plus généralement le sujet animal, « répond » donc au monde extérieur lorsque les excitations sont conçues comme des « sollicitations ». À première vue, pas de réelle différence avec Loeb et sa thèse des tropismes, le tropisme étant également une réponse, quoiqu'aveugle, à une excitation du monde extérieur. C'est en fait sur la différence essentielle entre la passivité du tropisme et l'activité d'une réponse active, « animée », supposant une véritable perception et une activité d'interprétation, qu'insiste Uexküll : « La théorie de Loeb consistait en ce qu'il ne voulait voir qu'un monde actif chez les animaux et négligeait entièrement le monde perceptif. [...] Dès lors, les tropismes prirent la place des actions. Par là, il transforma tous les sujets animaux vivants en machines inanimées.[92] » Uexküll considère le tropisme comme une « activité *passive* » – nous pouvons inversement concevoir la possibilité pour un homme d'être « *activement* passif » dans l'endurance ou dans la résistance par exemple à la souffrance. Le muscle, à la différence de la cloche, donne donc une réponse active, *vivante* : « Nous pouvons donc en conclure que chaque cellule vivante est un mécanicien qui perçoit et agit.[93] »

---

91. *Ibid.*, p. 19-20.

92. *Ibid.*, p. 120. Loeb est l'un des expérimentateurs qui a le plus contribué à étendre le tropisme au comportement animal.

93. *Ibid.*, p. 21. Uexküll se réfère presque constamment aux travaux de Johannes Müller et cette comparaison du muscle et de la cloche revient encore dans la *Théorie de la signification*.

Malgré tout, Uexküll conserve le concept de mécanicien, et c'est en distinguant la face interne de la face externe des organes sensoriels qu'Uexküll maintient une dimension mécanique dans le vivant. Il écrit ainsi :

> Nos organes sensoriels, l'œil, l'oreille, le nez, le palais et la peau, sont bâtis selon le principe des allumettes suédoises qui ne répondent qu'à certaines actions du monde extérieur. Ces actions suscitent des ondes d'excitation qui sont conduites au cerveau. À cet égard, tout se produit mécaniquement selon la loi de la cause et de l'effet. Mais dans le cerveau, à la face interne de nos organes sensoriels, nous avons comme un carillon vivant, dont les diverses cloches (les cellules nerveuses) tintent selon leur tonalité individuelle. [...] Les mécanistes purs le nient et nous incitent à affirmer que les organes récepteurs des animaux ne possèdent pas de face interne, mais ne servent qu'à assembler selon leur caractère les différents stimulants du monde extérieur et à les mettre en relation avec les parties correspondantes du cerveau[94].

Mais étant un « mécaniste impur », Uexküll développe une conception de l'animal ni mécaniste, ni vitaliste. Biologiste à double face, il attribue aux organismes une face mécanique et une face vivante. La face externe des organes correspond au niveau physico-chimique, et c'est sur cette face de l'organisme que ses premières recherches à l'Institut océanographique de Monaco portent, à savoir sur les tentacules d'anémones, les extrémités des crabes, et plus généralement les animaux simples, élémentaires, ceux que Merleau-Ponty appelle, dans la partie de son cours sur la Nature consacrée à Uexküll, les animaux

94. *Ibid.*, p. 122-123. Contrairement aux allumettes inflammables par friction sur n'importe quelle surface rugueuse, les allumettes suédoises, ou allumettes de sûreté, ne peuvent s'enflammer qu'au contact du phosphore, elles ne répondent donc qu'à une certaine « action » du monde extérieur.

inférieurs, ou animaux-machines. De l'autre côté, la face interne des organes correspond au niveau de la perception, au niveau phénoménal pourrait-on dire. Comme le montre la *Théorie de la signification* qui reprend de nombreuses thèses établies dans la *Theoretische Biologie*, la perception est *en un sens* produite par l'excitation nerveuse, la face externe agissant ainsi sur la face interne ; c'est ce qu'illustre la figure 12 intitulée « mécanismes de la perception » qui schématise l'enchaînement des processus physiques, physiologiques, puis psychoïdaux aboutissant à la perception[95]. Contrairement à Kant qui aurait les mains pures mais pas de mains, pour reprendre la formule de Péguy, Uexküll aurait quant à lui les mains impures, impures de mécanisme, les mains plongeant dans l'expérimentation physiologique. C'est le maintien de cette face externe pour penser l'organisme vivant qui explique que la neurobiologie, et plus généralement les sciences dites empiriques s'intéressent aujourd'hui à Uexküll. Alors que la face externe du cerveau « lit » les informations qui lui viennent de l'extérieur à la manière dont un ordinateur peut lire de la musique, le carillon vivant de la face interne du cerveau « interprète » cette même musique à la manière non plus de l'ordinateur, mais du musicien.

Mais comme Uexküll le disait au tout début des *Excursions*, la machine doit être pensée comme un simple instrument, et la face interne commande *en un autre sens* la face externe, de même que le machiniste commande la machine. La face interne de l'organisme est en dernier lieu soumise à la conformité au plan (*Planmäßigkeit*), ou du moins la reflète, ce que met notamment en évidence le texte « Comment nous voyons la nature et comment elle se voit elle-même[96] ». L'évolution et la direction

95. *Mondes*, p. 78. Voir schéma p. 63.

96. J. von Uexküll, « Wie sehen wir die Natur und wie sieht sie sich selber » (1922), in *Kompositionslehre der Nature*, Thure von Uexküll éd., Berlin, Propyläen,

que prennent ses travaux montrent de fait que c'est en dernier lieu la face interne, c'est-à-dire le mécanicien, qui intéresse Uexküll. Si le mécanicien peut commander, animer sa machine, c'est uniquement au regard d'une signification vitale pour l'organisme d'une part, et par l'émission de signaux biologiques d'autre part. Uexküll montre par de multiples exemples que seuls les phénomènes qui ont une signification pour le sujet animal sont changés en excitations nerveuses. L'excitation nerveuse n'est créée que s'il y a signification pour le sujet, et plus un animal est complexe, plus son milieu est riche et comprend d'objets. Un son « objectif », ou plutôt neutre, est changé en excitation nerveuse par le papillon, c'est-à-dire perçu, si et seulement s'il prend la signification par exemple de danger, comme c'est le cas pour le cri de la chauve-souris : « Les papillons ne captent donc que les sons émis par leur ennemi. Pour le reste, le monde est muet pour eux.[97] » Le milieu également pauvre de la tique consiste seulement en trois caractères perceptifs (odeur de l'acide bucitrique, pilosité de la peau, et température du sang) dont la signification est donnée par la face interne, et qui sont perçus lorsque la face externe des organes, conformes au plan, les reconnaît. Cette règle de signification entre la tique et le mammifère « englobe presque toute la vie de la tique ». C'est en ce sens qu'Uexküll crée le concept biologique de « porteur de signification » (*Bedeuteungsträger*), par opposition au concept « physicaliste » d'objet comme tel (*Gegenstand*)[98]. Le vivant n'a donc jamais affaire à des objets comme tel (*Gegenstand*) mais toujours à des objets (*Objekt* écrit Uexküll en jouant sur l'existence des deux termes allemands que le français rend

---

1980 (rééd.), p. 186.

97. *Mondes*, p. 125.

98. *Ibid.*, p. 132-133.

indifféremment par objet) qui sont des porteurs de signification[99]. Cette distinction conceptuelle évacue de la biologie le concept de Gegen-*stand* – littéralement : ce qui se *tient* contre –, et elle pointe l'insuffisance qui consiste à penser l'objet comme isolé, séparé et distinct du sujet, se tenant là, immobile devant lui. Pour Uexküll, l'objet comme porteur de signification est toujours en mouvement car il fait partie intégrante du sujet, et on doit faire l'hypothèse que la tique qui « attend » sa proie n'existe à proprement parler plus, car absolument rien ne fait sens pour elle, il n'y a pour elle plus d'objet, plus d'espace ni de temps. Comme on vient de le voir, à la face interne de l'organe correspond ce qu'Uexküll nomme la tonalité individuelle de l'organe, et c'est elle qui donne une signification au phénomène. Les tonalités individuelles peuvent être de nutrition, de défense, de protection, etc., et elles sont propres aux sujets, aux organes, ou encore aux « cellules vivantes » : « La plante n'affronte pas les événements extérieurs au moyen d'organes récepteurs et effecteurs, mais, grâce à une couche de cellules vivantes, elle est capable d'opérer un choix de stimuli au sein de son habitat.[100] » L'enjeu de la primauté de la face interne des organes, l'enjeu de penser en termes de cellules vivantes est donc bien de comprendre la vie, la vie qui (se) choisit. Reprenant Müller et l'exemple de la cloche et du muscle, le biologiste balte écrit : « La cloche se comporte comme un objet *mort*, qui se borne à subir des effets ; le muscle *vivant* se comporte comme un sujet, qui métamorphose tous les effets externes en un même stimulus qui déclenche son intervention.[101] » Le sujet animal répond

99. Cette distinction est relativement tardive dans la mesure où elle n'existe pas par exemple dans la première édition (1909) de *Umwelt und Innenwelt der Tiere*.

100. *Mondes*, p. 102.

101. *Ibid.*, p. 103. Nous soulignons.

à des signaux par des opérations et non à des stimulations par des mouvements.

De même que pour Uexküll l'œil a été construit par les couleurs et non par les ondes lumineuses, de même, les organes récepteurs de l'animal sont le produit de la face non-corporelle, ou face interne. Autrement dit, ce ne sont pas les ondes lumineuses qui sont la cause de l'œil, mais la couleur qui en est le motif : les couleurs ne sont pas des excitations électriques mais des excitations mélodiques, ce sont « les tonalités individuelles des cellules mêmes[102] ». Le milieu est l'ensemble des excitations (*Reize*), non pas au sens d'agents physiques mais au sens de caractère perceptifs (*Merkmale*) et de tonalités. C'est la raison pour laquelle l'induction doit, comme on l'a vu, se penser comme mélodique plus que comme physico-chimique. Il convient maintenant de préciser et d'approfondir le concept de tonalité individuelle dans le cadre de ce que l'on pourrait appeler une théorie de la perception.

3. La perception de l'espace vécu : schématisme et symbolisme

3.1 La doctrine de la vie comme théorie de la perception

La perception du milieu est l'expression de la vie dans le vivant, et la doctrine de la vie est intimement corrélée à une « théorie » originale de la perception – même si comme nous l'avons vu Uexküll demeure à certains égards retissant à toute théorie. La perception est donc toujours signifiante et vivante, et il faut penser les mondes *vécus* comme des mondes perceptifs. Uexküll considère que la perception est la rencontre vivante du sujet et de son milieu. Il s'intéresse tout particulièrement à la perception des couleurs, et propose une interprétation de la théorie non mécaniste des couleurs de Goethe. Pour le mécaniste,

102. *Ibid.*, p. 121.

pour Loeb notamment, les couleurs des fleurs seraient des excitations électriques qui agiraient sur les cellules du cerveau de l'abeille, et les fleurs agiraient comme de simples aimants. La fleur deviendrait alors simplement « ferrotrope positif » tandis que l'abeille serait « polotrope positif ou négatif[103] » ; il n'y aurait à proprement parler pas ici d'expérience, pas de perception, pas de monde vécu. Notre biologiste montre à l'inverse que « les couleurs sont des ondes lumineuses devenues sensibles », ce qui change absolument tout, car c'est par le caractère sensible qu'elles entrent dans le monde perceptif, dans le monde vécu. Entre la couleur et le sujet il n'y a pas relation mécanique de cause à effet, mais relation de sensation et de sens, relation vitale, vivante. C'est une telle relation que Buytendijk propose pour interpréter le vivant, c'est-à-dire une relation non pas physiologiquement causale, mais psychologiquement motivée, le motif étant l'antécédent significatif, qualitatif, d'une perception ou d'un comportement[104]. Uexküll avance alors que les lois « optiques » des ondes lumineuses, celles théorisées par Goethe et mises en pratique par les peintres ne sont pas les mêmes que les lois physiques, celles de Newton, et il demande de manière rhétorique : « L'œil a-t-il été construit par les ondes lumineuses ou par les couleurs ?[105] » À chaque organe perceptif correspond un mécanicien perceptif capable de percevoir tel signal perceptif (*Merkzeichnung*) individuel : tel mécanicien sera sensible au caractère bleu, tel autre au caractère jaune, etc. L'unité de ces signaux perceptifs se forme à l'extérieur des organes, hors du corps de l'animal, « en des unités qui deviennent les caractères de l'objet[106] » – l'objet devenant

103. *Ibid.*, p. 120.
104. F. Buytendijk, *L'homme et l'animal*, Paris, Gallimard, 1965, p. 32 *sq.*
105. *Mondes*, p. 123. 41
106. *Ibid.*, p. 22.

ainsi porteur de caractère perceptif (*Merkmalträger*). Uexküll résume : « Nous réunissons les différents signaux qualitatifs sensibles sous le terme de "signaux perceptifs" qui, transposés au-dehors, deviennent les caractères perceptifs d'un objet.[107] » Au niveau sensible, phénoménal, la sensation de bleu devient alors le bleu du ciel, et la sensation verte devient par intégration du bleu et du jaune le vert de la prairie. Le sémioticien Thomas A. Sebeok qui assume pleinement l'héritage d'Uexküll affirme ainsi qu'une proposition comme « Let there be light » de la version de la Bible de King James n'a aucun sens. Il ne peut en effet y avoir de réalité sensible et signifiante que pour un sujet vivant et donc percevant, or il n'y avait pas encore d'être vivant pour percevoir la lumière au moment du *fiat lux*, donc pas encore de lumière. Uexküll montre en ce sens que c'est parce qu'il y a un œil pour le voir que le soleil brille : « Si le soleil n'était fait pour l'œil, il ne brillerait en aucun ciel.[108] »

L'originalité d'Uexküll, son point de vue inédit est de construire une théorie de la perception d'un espace vécu, c'est-à-dire d'un espace situé, tonal. Par les notions de tonalité affective et de disposition affective, ou encore par le concept de chemin familier, Uexküll pense ensemble espace perçu et espace vécu. Rejoignant la référence d'Uexküll à Einstein lorsqu'il pose la multiplicité des centres, des points de référence, et donc l'absence d'un unique espace objectif[109], la philosophie de la perception de Merleau-Ponty met en évidence la *situation* propre à toute expérience, à tout point de vue. Dans les *Causeries*, livre qui retranscrit l'émission hebdomadaire radiodiffusée « Heure de culture française » à l'automne 1948, il aborde la question de l'objectivité pour considérer avec la théorie de la relativité

107. *Ibid.*, p. 123
108. *Ibid.*, p. 151.
109. Notamment dans *Die Lebenslehre*, *op. cit.*, p. 124-126.

que tout point de vue, toute observation est *située*. Pour accéder au monde vécu d'un être vivant, pour pouvoir situer l'animal observé ou soi-même comme observateur, il faut aller à l'encontre des règles de la perspective classique qui traitent l'espace de manière objective, géométrique, mathématisable, uniforme. Pour Merleau-Ponty, le modèle est Cézanne. S'opposant au classicisme par sa technique picturale de la modulation colorée et par sa théorie de la géométrie des couleurs, Cézanne dépasse l'opposition entre le dessin et la couleur. « À mesure qu'on peint, on dessine », affirme ainsi le peintre[110], en rendant sur la toile le monde perçu lui-même. Avec Uexküll on pourrait dire de la même manière : « À mesure qu'on agit ou qu'on ressent, on perçoit », car c'est en effet par sa disposition affective, par ses tonalités d'organes que l'être vivant est situé. Et de même que chez Cézanne la couleur dessine, la tonalité d'action perçoit, ce que montre l'exemple du hibou grand-duc qui élève ou dévore le caneton selon la tonalité par laquelle ils sont liés, tonalité de proie ou de progéniture[111]. La planche 3d des *Excursions* qui représente la rue pour le mollusque, c'est-à-dire son espace vécu, peut à la limite être considérée comme expressionniste, et il faudrait en ce sens voir comment l'œuvre de Franz Marc, dont l'ambition était notamment de peindre le monde tel que le voient les animaux, pourrait éclairer celle d'Uexküll[112]. Reprenant dans ces mêmes *Causeries* l'exemple de l'illusion de la modification de la taille de la lune, Merleau-Ponty rappelle que la lune apparaît plus grosse à son lever, lorsqu'elle est à l'horizon, que lorsqu'elle est au zénith, bien qu'elle ait exactement la même

---

110. Émile Bernard, *Souvenir de Paul Cézanne*, Paris, 1921, p. 39.

111. *Mondes*, p. 136-137.

112. En créant des espaces à plusieurs points de fuite ou des espaces à une seule dimension, de nombreux artistes, mouvements ou écoles, que ce soit en peinture, en littérature ou en cinéma, permettent peut-être d'imaginer certains milieux animaux.

taille. En fait, l'illusion tient au fait que, dans l'espace vécu, le monde perceptif comporte

> une remarquable constance des grandeurs apparentes dans le plan horizontal, alors qu'au contraire elles diminuent très vite avec la distance dans le plan vertical, et cela sans doute parce que le plan horizontal, pour nous, êtres terrestres, est celui où se font les déplacements vitaux, où se joue notre activité. [...] À l'idée d'un espace homogène offert tout entier à une intelligence sans corps, se substitue l'idée d'un espace hétérogène, avec des directions privilégiées, qui sont en rapport avec nos particularités corporelles et avec notre situation d'êtres jetés dans le monde[113].

En reprenant la distinction que le chapitre des *Excursions* sur les espaces vécus établit entre les espaces actifs et perceptifs (qui peuvent être espaces visuel, tactile, olfactif, etc.) il faudrait dire que l'espace actif détermine l'espace visuel dans le cas de l'illusion d'optique de la lune. L'espace vécu se caractérise chez Uexküll par un conflit permanent entre les espaces actifs et perceptifs, mais également entre des espaces perceptifs comme l'illustre l'exemple de la tasse :

> Le rapetissement des objets ne se produit pas dans l'espace tactile. Et c'est là le point où l'espace visuel et l'espace tactile entrent en conflit. Lorsque l'on saisit une tasse en étendant le bras et qu'on la rapporte à la bouche, elle grandit dans l'espace visuel sans changer de grandeur dans l'espace tactile. Dans ce cas, c'est l'espace tactile qui l'emporte, car le grossissement de la tasse n'est pas perçu par un observateur non prévenu[114].

La perception suppose donc un jeu incessant entre ces espaces, et pour qu'il y ait cohérence, il faut toujours qu'un espace soit

---

113. M. Merleau-Ponty, *Causeries*, Paris, Seuil, 2002, p. 23.

114. *Mondes*, p. 36.

sacrifié au profil d'un autre. À ce titre la peinture classique comme la physique classique ne considèrent que l'espace visuel, et en faisant abstraction des espaces tactile, olfactif, et surtout actif, ils manquent l'espace vécu, la perception vivante.

3.2 Schématisme et symbolisme

Dans le cadre de cette théorie de la perception, Uexküll introduit la notion de schème. Le concept de schème (*Schemata*) qui revient fréquemment sous sa plume permet de comprendre celui de cercle fonctionnel de manière concrète, et il correspond à la réponse que notre biologiste donne à ce qu'il nomme le « problème de la forme » (*Formproblem*)[115]. Dans le chapitre de *Umwelt und Innenwelt der Tier* consacré au ver de terre, il soulève la question de l'existence de schèmes spatiaux dans le système nerveux central, schèmes spatiaux fondant notamment la possibilité de la gauche et de la droite. Alors qu'il conclut à l'absence de schèmes spatiaux chez le ver de terre, et donc à l'absence de perception de la forme, il lui attribue néanmoins des schèmes plus rudimentaires, des schèmes olfactifs lui permettant de tirer les feuilles et les aiguilles de pin dans son étroit terrier[116]. Pour Uexküll les schèmes peuvent être précis voire exclusifs, et l'animal ne se trompe alors que rarement, ou au contraire généraux et lâches, comme c'est le cas du schème de proie du brochet, et l'animal peut alors facilement se tromper. Pour appâter le brochet, il suffit en effet de lui présenter non pas une image, mais un schéma de sa proie, à savoir une simple petite plaque d'argent : « Il n'est pas nécessaire de présenter aux poissons carnivores comme le brochet une image exacte

115. *Ibid.*, p. 52.

116. *Umwelt und Innenwelt der Tiere*, Berlin, Verlag von Julius Springer, 1909, p. 161 et *Mondes* p. 51-52.

de leur proie, mais [...] il suffit de les appâter avec [...] une image très générale des cyprinidés.[117] »

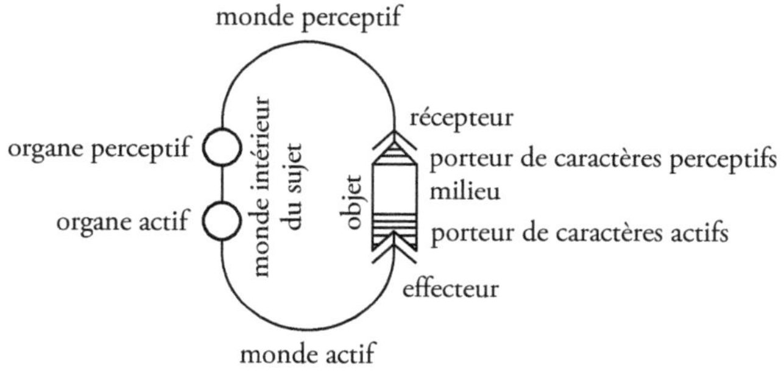

Cercle fonctionnel

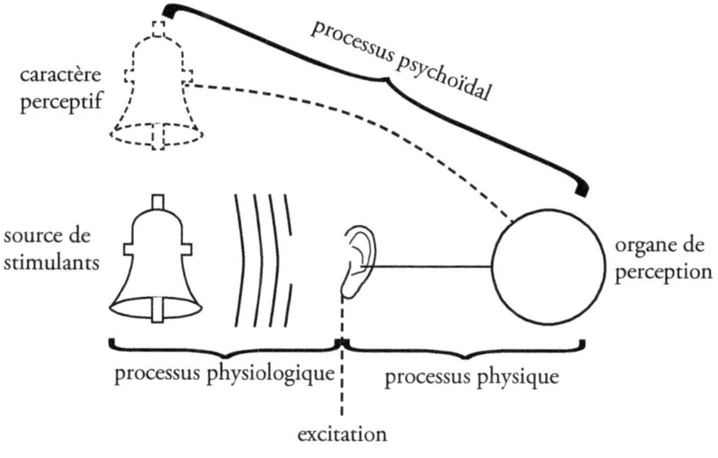

Les mécanismes de la perception

117. *Mondes*, p. 141. Plus le milieu d'un animal est simple, plus il est sûr écrit Uexküll au début des *Excursions*. On peut se demander si l'exemple du brochet ne contredit pas cette règle élémentaire de la nature, et celui de l'homme également, ce dernier étant peut-être à la fois le plus sûr et le plus dangereux.

Dans *Der Stein von Werder*, un talentueux peintre hollandais peint une chambre avec des paysages de son pays en l'honneur, affirme-t-il, aussi bien de Kant que de la Hollande. Ces paysages possèdent une tonalité, une ambiance hollandaise, « mais seulement l'ambiance de la Hollande en général, non un paysage hollandais en particulier » précise Uexküll[118]. Explicitant ces propos de prime abord allusifs, Uexküll introduit la doctrine du schématisme selon laquelle ce paysage, en tant qu'atmosphère, ambiance *générale*, est un schème : « Puis j'exposai au peintre la doctrine kantienne du schématisme, qui lie ensemble image et concept, mais dont il ne comprit pas un traître mot. » Cette référence amusante à Kant n'est pas anodine ni anecdotique, et elle indique plutôt la volonté de prolonger les thèses de la *Critique de la raison pure* : le problème uexküllien de la forme (*Formproblem*) rejoint en effet le questionnement kantien sur la forme que les concepts donnent à l'expérience. Rappelons que pour Kant, le schème est « cette représentation d'un procédé général de l'imagination pour procurer à un concept son image », il est le moyen de rendre homogènes deux représentations qualitativement différentes en subsumant une image sous un concept (une représentation sensible sous une représentation intellectuelle) ; ainsi le schème « rond », en tant que « condition formelle et pure de la sensibilité », permet de subsumer l'assiette sous le cercle, celle-ci possédant la même rondeur que celle-là[119]. Dans la conceptualité uexküllienne, le schème peut être une image de recherche ou une tonalité prospective, et c'est par lui que les objets du milieu de l'animal peuvent être représentés ; il permet, comme chez Kant, de construire un monde. Ces schèmes varient en fonction du génome des espèces animales : « Dans le monde répliqué (*Gegenwelt*), les objets du milieu

118. Uexküll, *Der Stein von Werder*, *op. cit.*, p. 83-86.
119. Kant, *Critique de la raison pure*, AK, III, 135.

sont représentés au moyen des schèmes [...] [qui] changent avec les plans de construction des animaux.[120] » Le concept de « monde répliqué » ou de *Gegenwelt* correspond à la réplique mentale du monde extérieur ou de l'*Aussenwelt*. C'est le reflet excitationnel ou l'impression nerveuse du monde extérieur dans le monde intérieur (*Innenwelt*) de l'animal, dans son cerveau, ou en d'autres termes, la traduction du monde extérieur en fonction des schèmes de l'animal. Les schèmes sont toujours spécifiques (propres à une espèce) et subjectifs, c'est-à-dire *produits* par l'animal, ce que montre l'expérience de destruction du système de galerie de la taupe :

> Son espace est un pur espace actif. Il faut supposer que la taupe est capable de retrouver un chemin qu'elle a déjà parcouru en répétant des pas d'orientation. Les caractères perceptifs tactiles qui sont liés aux pas d'orientation jouent alors un rôle important comme chez tous les animaux aveugles. On peut supposer que les caractères perceptifs directionnels et les pas d'orientation s'unissent pour constituer un schéma spatial. Si son système de couloirs, ou une partie de ce système, est détruit, elle est capable, en extériorisant une nouvelle forme de schéma, de mettre en place un nouveau système semblable à l'ancien[121].

La possibilité de l'orientation est au fond pensée « en deçà » des niveaux simplement physique et physiologique : c'est l'existence des conduits semi-circulaires qui dépend des schèmes de l'animal, et non l'inverse. « En deçà », c'est-à-dire au niveau qu'Uexküll appelle psychologique ou, en référence à Driesch, « psychoïdal », et qui pourrait *à la limite* correspondre chez Kant au niveau à la fois de la sensibilité et de l'entendement. Uexküll affirme son ambition de prolonger le schématisme kantien

120. *Umwelt und Innenwelt der Tiere*, *op. cit.*, p. 195.
121. *Mondes*, p. 70.

en reprenant et en développant le concept de schème. Comme nous allons le voir, cette « théorie du schématisme » semble par ailleurs occuper la même position centrale et avoir la même importance chez nos deux penseurs. Mais ce rapprochement, qui peut paraître brutal voire incongru, demeure périlleux. En effet, Uexküll déplace le problème de la connaissance en envisageant la dimension corporelle du sujet : le schème ne fait plus le relais comme c'est le cas chez Kant entre la sensibilité et l'entendement, mais entre le physiologique (le corporel) et le psychologique (la sensibilité et l'entendement).

De même que l'imagination transcendantale est chez Kant la racine commune de la sensibilité et de l'entendement, leur souche profonde et secrète, la signification fait de la même manière chez Uexküll le lien entre le physiologique et le psychologique, entre les faces internes et externes des organes et des cellules, entre le mécanicien et la dimension mécanique des êtres vivants : « La notion de signification jette un pont entre les processus corporels et les processus non corporels, comme entre la partition et la mélodie.[122] » De même que le schématisme transcendantal peut être considéré comme le véritable noyau de la *Critique de la raison pure*, il faut considérer la théorie de la signification comme le cœur de l'œuvre d'Uexküll. Conscient de l'ampleur et de la difficulté de ce problème qu'il hérite de Kant, il déclare dans les *Bausteine zu einer biologischen Weltanschauung* (*Éléments pour une vision biologique du monde*), sans ambiguïté et en citant un passage clef du chapitre sur le schématisme de la *Critique de la raison pure* :

> Il ne fait pour moi aucun de doute que cette mélodie du mouvement est la même chose que ce que Kant a établi comme schème empirique des objets et dont il juge ainsi la difficulté : « Ce schématisme de l'entendement

---

122. *Ibid.*, p. 114.

pur, en vue des phénomènes et de leur simple forme, est un art caché dans les profondeurs de l'âme humaine, et dont nous aurons de la peine à arracher à la nature les secrets du fonctionnement pour les mettre en évidence »[123].

En effet, la théorie de la signification, qui n'était pas conceptualisée comme telle en 1913, présente la nature fondamentalement sémiotique voire symbolique du vivant, et elle est à cet égard une véritable théorie du symbole comme l'indique la suite de ce passage tiré du chapitre intitulé « L'anatomie subjective des objets » : « Kant compare plus loin le schème à un monogramme. Nous préférons recourir pour la comparaison à un hiéroglyphe à trois dimensions.[124] » Le schème peut donc être une simple figure, mais également un symbole complexe, un hiéroglyphe. La *Théorie de la signification* montre ainsi que « la différence de goût existant entre la tige et la pointe des feuilles devient un symbole formel pour le ver de terre », et elle établit de manière plus générale que « tout milieu ne contient que des symboles de signification[125] ». Le monde perceptif est une projection de significations, c'est-à-dire une formation et une interprétation de signes, de symboles. Les *Excursions* analysent en ce sens les schèmes fermés et ouverts de l'abeille, schèmes dont on peut se faire une idée par l'illustration du milieu de l'abeille (planche 5b dans l'édition Pocket, illustration 23 chez Rivages). Les *schèmes* subjectifs ouverts et fermés répondent aux *formes* ouvertes et fermées de l'objet, la médiation se faisant pour Uexküll par des *figures*. À la forme ouverte correspondent

---

123. J. von Uexküll, *Bausteine zu einer biologischen Weltanschauung: Gesammelte Aufsätze*, München, F. Bruckmann, 1913, p. 146-147.

124. *Ibid.*, p. 147.

125. *Mondes*, p. 171. La dimension symbolique du milieu sera traitée plus en détail en troisième partie. Elle est en général assez peu remarquée – elle l'est par Merleau-Ponty et Weizsäcker comme nous allons le voir.

dans le milieu de l'abeille les figures d'étoile et de croix ; à la forme fermée correspondent les figures de carré et de cercle : « Il suffit de supposer que les cellules qui perçoivent les signes locaux sont articulées en deux groupes dans l'organe perceptif, les unes sur le schéma "ouvert", les autres sur le schéma "fermé".[126] » La *Théorie de la signification* avance de la même manière que « dans la règle de formation des abeilles, il existe deux schèmes perceptifs rapportés aux fleurs et aux boutons, grâce à la règle de signification qui préside à la récolte du nectar. Ainsi les deux schèmes sont en relation fixe de contrepoint avec les deux formes principales des fleurs[127] ». Uexküll reprend ainsi *mutatis mutandis* la doctrine kantienne certes biologisée du schématisme : la fleur est subsumée sous la croix ou l'étoile par l'ouverture comme l'assiette est subsumée sous le cercle par la rondeur. Le monde animal n'est pas un monde d'objets mais de signes.

Comme on l'a brièvement évoqué plus haut, le schème uexküllien peut également consister en une tonalité prospective – ce qu'illustrent bien les expériences faites entre le bernard-l'hermite et l'anémone de mer –, et c'est précisément cette dimension tonale du schème, absente chez le philosophe de Königsberg, qui confère aux schèmes uexkülliens toute leur richesse. Si c'est fondamentalement les catégories de l'entendement qui intéressent Kant, nous parlerons chez Uexküll de catégorie de la vie, expression que l'on ne retrouve cependant pas sous sa plume. Alors que le schème est chez Kant une détermination du temps, il est chez Uexküll une détermination de la tonalité, car c'est celle-ci qui affecte *in fine* les objets du milieu. Les tonalités

126. *Ibid.*, p. 52-53.

127. *Ibid.*, p. 140, trad. modifiée. Contrairement à la traduction de J. Muller, celle de C. Martin-Freville reprend la distinction uexküllienne entre *Schemata* (schème) et *Schema* (schéma ou modèle). Uexküll parle en revanche indifféremment de *Schema* (schéma) et de *Form* (forme) lorsqu'il est question chez l'abeille des formes ou schémas ouverts et fermés.

nutritionnelle (*Fresston*), sexuelle, (*Liebton*), etc. expriment donc des catégories vitales (prédation, reproduction) en faisant apparaître l'objet comme nourriture, comme partenaire sexuel, comme progéniture, etc. Ainsi l'image spatiale de l'anémone de mer est transformée en « chose protectrice », en « habitat » ou encore en « nourriture » selon la tonalité du bernard-l'hermite. Les schèmes permettent de procurer aux catégories un rapport à l'objet en leur donnant une signification et rendent par là possible la construction du milieu. Dans le paragraphe consacré au schématisme transcendantal auquel Uexküll se réfère directement, Kant avance : « Les schèmes des concepts purs de l'entendement sont donc les vraies et seules conditions qui permettent de procurer à ces concepts une relation à des objets, par suite une *signification.* » C'est exactement ce que montre Uexküll de manière expérimentale lorsqu'il met en évidence le fait que tous les objets d'un milieu sont des « porteurs de signification ». Comme le montrent les illustrations des *Excursions*, la chaise ou la bibliothèque n'ont aucune signification dans le milieu de la mouche, et elles n'existent donc tout simplement pas, elles n'entrent pas dans l'expérience de la mouche. Sans proposer de table ou de classification qui se voudrait exhaustive, on peut néanmoins suggérer quelques catégories vitales majeures, dépendantes à chaque fois d'une tonalité : l'abri (*Wohnton*), la protection (*Schutzton*), la nourriture (*Fresston*), la reproduction (*Liebton*), la descendance (*Mutterton* et *Adoptvton*), la prédation (*Bauteton*). *La doctrine de la vie* distingue en ce sens quatre cercles fonctionnels fondamentaux, qui pourraient correspondre aux quatre catégories essentielles :

> Il est possible de distinguer quatre genres de cercles fonctionnels. Le premier est relatif aux obstacles qui surgissent dans le *medium*, et que l'animal supprime de son milieu lorsqu'il les contourne ou les fuit. Le second englobe tous les cercles relatifs à la quête et à la consommation

de nourriture, le troisième tous les cercles relatifs à l'ennemi et concernant aussi bien la défense que la fuite. Le quatrième genre de cercle fonctionnel contient tous les cercles relatifs à la reproduction aussi bien chez les mâles que chez les femelles[128].

Konrad Lorenz, qui a occupé la chaire de Kant à l'Université de Königsberg, défendra, en accentuant à sa manière le décentrement amorcé par Uexküll du problème du schématisme vers le corps, l'idée selon laquelle les schèmes sont des structures comportementales *a priori* élaborées au cours de l'évolution. Dans *Les oies cendrées*, il montre ainsi que les schèmes comportementaux de l'oie, réunis au sein d'un éthogramme qui décrit le système des mouvements instinctifs et des situations de leurs déclenchements, sont entre autres la locomotion, la prise de nourriture, la reproduction, l'agressivité, l'humilité, la jalousie ou encore le deuil. L'extension rectiligne du coup est par exemple le schème comportemental qui exprime phylogénétiquement l'agression[129].

Afin de résumer en conclusion la manière dont Uexküll lie perception, schème et symbole, revenons à Weizsäcker pour envisager la relation perceptive du sujet à l'objet en termes de prédication :

Le monde que je perçois n'est que mon milieu extérieur, une réunion de mes perceptions, et l'on est en droit de dire que ce n'est pas un monde véritable mais un véritable *monde artificiel*. [...] Par l'acte prédicatif qu'elle constitue, [la perception] se donne un phénomène. Le prédicat n'est pas une part de la réalité, mais *quelque chose* est posé, qui est un prédicat portant sur le réel. [...] Le caractère prédicatif et le caractère

128. *Die Lebenslehre*, *op. cit.*, p. 153.
129. K. Lorenz, *Les oies cendrées*, Paris, Albin Michel, 1989, p. 221.

> phénoménal désignent ici à peu près la même chose; et de même il faut voir un sens voisin dans l'expression de monde artificiel désignant le monde perceptif. Par le terme « prédicatif » nous soulignons la restriction, [...] et par le terme « monde artificiel » le symbolisme de toute perception. [...] Von Uexküll a bien fait voir, par l'exemple de la tique des bois notamment, comment l'opération réductrice de l'organe sensoriel suscite un monde de signes qui est à la fois une condition d'existence et un danger mortel pour l'animal. C'est l'odeur d'acide butyrique émanant de la peau des animaux forestiers qui seule incite l'insecte à se rendre sur ce terrain nutritif, auquel sont exclusivement adaptés[130] ses organes de nutrition. Une fois là, c'est seulement la chaleur de la peau qui incite la tique à se creuser un accès. Là aussi, la restriction est biologiquement constructive. Mais il nous est montré en même temps que la restriction permet aussi de tromper l'animal. Il suffit de produire artificiellement l'acide butyrique et la chaleur pour amener la tique à un mouvement semblable; l'animal à sang chaud manquant, l'action porte à vide et anéantit l'existence de l'insecte. Comme l'acide butyrique peut se rencontrer éventuellement ailleurs que sur la peau de l'animal, ce symbole est ambigu en tant que prédicat, ce qui explique qu'il puisse avoir sur l'existence des effets aussi bien constitutifs que destructeurs[131].

Ce texte clef, dans lequel Weizsäcker reprend pêle-mêle les thèses essentielles d'Uexküll, suggère que si l'on considère l'animal comme sujet, il devient alors conséquent de penser le milieu en termes de prédicat – et Uexküll écrit d'ailleurs que le milieu est l'expression, l'« extériorisation » du sujet[132]. La théorie de la perception élaborée par Uexküll est au cœur même de son œuvre et elle repose en définitive sur le concept

---

130. Weizsäcker ne fait pas ici la différence pourtant cruciale pour Uexküll entre *Anpassung* et *Einpassung*, entre adaptation et ajustement.

131. *Le cycle de la structure*, *op. cit.*, p. 137.

132. *Mondes*, p. 85.

de signification. C'est avec ce concept que notre biologiste parvient d'une belle manière à prolonger, en le naturalisant, le schématisme kantien. Le schème devient alors corporel – voire comportemental –, et la perception se densifie, s'enrichit de nouveaux espaces – espaces tactiles et olfactifs, espace actif, espace tonal,… Le sujet vivant ne se situe pas dans un monde d'objet mais il construit un milieu symbolique composé de porteurs de signification.

II

Les excursions

I. L'INVESTIGATION DES MONDES CACHÉS

1. Psychologie et anthropocentrisme

Le fait de pouvoir vivre avec un animal de compagnie, de pouvoir dresser un chien d'aveugle, ou la capacité du chasseur à suivre une piste animale, montrent que les milieux animaux ne nous sont pas absolument inconnaissables, fermés et qu'il est possible de les pénétrer. Mais comment entrer dans ces milieux opaques, cachés, jusqu'où peut-on y pénétrer, et quelle méthode employer ? Toute l'œuvre d'Uexküll est soutenue par l'effort pour dévoiler, pour rendre visibles ce qu'il appelle les mondes cachés, invisibles ou jamais vus (*niegeschaute*). Ces questions sont absolument centrales car elles sont au fondement de la possibilité de la biologie fondée sur la signification, c'est-à-dire de l'entreprise même d'Uexküll. L'observation est-elle une transposition dans ces milieux, et en quel sens ? Dans *Das Sinn des Lebens* (*Le sens de la vie*) de 1947 qui est un commentaire d'une conférence de Johannes Müller, Uexküll écrit :

> On quitte [...] la « botanique de l'entendement » lorsqu'on adopte le point de vue du bouleau, et que l'on voit le monde non pas de manière anthropocentrique, mais du point de vue des bétulacées, c'est-à-dire lorsque l'on s'enquiert des différents facteurs du monde extérieur du point

> de vue de leur signification vitale, et circonscrit l'habitat du bouleau par rapport au reste du monde[1].

De même qu'Aldo Leopold, forestier et environnementaliste américain contemporain d'Uexküll, considère que la capacité à penser comme une montagne relève de l'écologie[2], c'est pour ce dernier le sens même de la biologie qui est en jeu lorsqu'elle cherche par exemple à prendre le point de vue du chêne : « Si, comme observateurs humains, nous nous plaçons au point de vue du chêne pour considérer les actions externes qui agissent sur lui...[3] » Mais le point de vue d'Uexküll a évolué sur la question et les premiers textes ne défendent pas encore l'idée d'une telle « transposition », ou comme nous le verrons plus loin, d'un tel décentrement. On pourrait résumer de manière imagée cette position biologique originale propre aux textes plus tardifs en reprenant ce mot de Canguilhem : « Nous soupçonnons que pour faire des mathématiques, il nous suffirait d'être anges, mais pour faire de la biologie, même avec l'aide de l'intelligence, nous avons besoin parfois de nous sentir bêtes.[4] »

Le souci d'éviter l'écueil de l'anthropocentrisme est constant chez le biologiste balte, et la difficulté réside dans le fait que chaque milieu est par définition centré sur le sujet et fermé sur lui-même. Il consacre à cet égard un chapitre entier des *Excursions* à la différence entre le plan et le but en montrant par l'exemple de la poule que les animaux, contrairement à l'homme, n'ont pas de but, et que leurs actions ne sont pas téléologiques. Il insiste :

---

1. *Das Sinn des Lebens*, Godesberg, Verlag Helmut Kupper, 1947, p. 32.
2. A. Leopold, *Almanach d'un comté des sables*, Paris, Flammarion, 2002, p. 168.
3. *Mondes*, p. 128.
4. *La connaissance de la vie*, *op. cit.*, p. 12.

> Mais quand nous décrivons l'existence de la tique n'avons-nous pas dit qu'elle guettait sa proie ? Par cette expression, bien qu'involontairement, nous avons déjà projeté les soucis quotidiens de l'existence humaine dans la vie de la tique, qui est gouvernée en réalité par un plan naturel[5].

Il ne devrait donc pas y avoir de lapin égaré, ni d'oiseau ingénieux dans les descriptions d'Uexküll, car ce que font les animaux est toujours fonction de leurs possibilités fixes, éternelles et dépendantes de leur plan. Cette question méthodologique de la compréhension et de la description des comportements animaux est présente dès les tout premiers textes d'Uexküll, et prend la forme d'un débat avec la psychologie qui traverse toute son œuvre – il écrit par exemple « Psychologie et Biologie dans leur position concernant l'âme animale[6] » en 1902, « Psychologie animale du point de vue de la Biologie[7] » en 1926, et il publie au moins deux articles dans la *Revue de psychologie animale* (*Zeitschrift für Tierpsychologie*).

Au début du siècle, la psychologie animale est au cœur d'un grand débat entre notamment Uexküll, Claparède, Loeb, Jennings, Plessner, et Buytendijk, et dans lequel Uexküll défend la physiologie comparée contre la psychologie comparée. Dans un article de synthèse de 1902 intitulé « Les principes de la psychologie animale[8] », Claparède reprend les positions théoriques

5. *Mondes*, p. 53. Il faut noter qu'Uexküll fait l'hypothèse d'actions dirigées par un but chez les mammifères supérieurs, « tout en étant elles-mêmes subordonnées au plan général de la nature ».

6. J. von Uexküll, « Psychologie und Biologie in ihrer Stellung zur Tierseele », *Ergebnisse der Physiologie* 1 (2), 1902, p. 212-233.

7. J. von Uexküll, « Tierpsychologie vom Standpunkt des Biologen. Zu dem gleichnamigen Buch von F. Hempelmann », *Zoologischer Anzeiger* 69 (7/8), 1926, p. 161-163.

8. Ed. Claparède, « Revue générale sur les principes de la psychologie animale (Loeb, Nagel, von Uexküll, Norman, Bethe, Bechterew, Edinger, Wasmann, Jennings, Arnhart, Ziegler, etc.) », *L'année psychologique*, 1902, vol. 9, n° 1, p. 483-494.

de ces différents protagonistes du débat sur l'âme animale. Dans « Im Kampf um die Tierseele » (« En combat contre l'âme animale ») de 1902, Uexküll s'oppose à l'hypothèse de l'existence de l'âme animale car elle constituerait un véritable danger pour toute recherche scientifique – ne serait-elle pas condamnée, avec une telle hypothèse, soit à de pures spéculations, soit à sombrer dans l'anthropomorphisme ? Dans le texte central de 1900 « Sur la position de la physiologie comparée au regard de l'hypothèse de l'âme animale[9] », il oppose ainsi la physiologie à la psychologie qu'il exclue totalement du domaine de la biologie, la seule méthode valable pour décrire les milieux inconnus des animaux étant à ses yeux la physiologie comparée. C'est donc logiquement la physiologie expérimentale en laboratoire qu'il étudie durant ces années 1900, ses recherches portant sur les connexions physiques de type pavlovien entre les excitations et les mouvements musculaires. En collaboration avec Th. Beer et A. Bethe, Uexküll crée une conceptualité tout aussi prolixe et originale que celle de ses écrits postérieurs, et sur laquelle il ne reviendra néanmoins pas. Si l'on tire les conséquences de leur article intitulé « Propositions pour une nomenclature objective en physiologie du système nerveux » il faudrait, pour dire qu'un animal a chaud ou qu'il voit, dire qu'il caloro-reçoit, qu'il photo-reçoit, appeler le nez stiborécepteur, et parler d'*antiklise*, de *chemoreflexe*, et de *photantikinèse*[10]. Cette nomenclature baroque et surprenante, et qui servit de fondement à ce que Claparède nomme l'école « ultra-physiologique », témoigne d'une véritable recherche conceptuelle, et d'un souci méthodique et théorique

9. J. von Uexküll, « Über die Stellung der vergleichenden Physiologie zur Hypothese von der Tierseele », *Biologisches Centralblatt* 20 (15), 1900, p. 497-502.

10. Th. Beer, A. Bethe et J. von Uexküll, « Vorschläge zu einer objectivierenden Nomenklatur in der Physiologie des Nervensystems », *Biologisches Centralblatt* 19, 1899, p. 517-521.

certain. En ce sens, bien que Plessner souligne dans *Die Stufen des Organischen und der Mensch* le mérite d'Uexküll de s'être débarrassé des analogies anthropomorphiques[11], il pointe néanmoins le risque inverse consistant à nier absolument la dangereuse hypothèse de l'existence de l'âme animale. Voulant éviter le danger de la psychologie comparée, Uexküll tombe en effet dans un écueil, celui du projet d'une terminologie démesurément objective, aseptisée, pourrait-on dire, de tout concept psychologique, et érigée contre la tentative de plonger au cœur de l'âme animale dont les sentiments et dispositions demeurent à jamais cachés[12]. En parlant de la « jeune science », c'est-à-dire de la psychologie animale naissante de Buytendijk, Plessner ajoute poétiquement que celle-ci doit se trouver un chemin entre le Scylla de l'anthropomorphisme dépeignant la ruse, la fidélité et l'amour, et le Charybde du programme uexküllien qui jette un discrédit sur toute investigation de la conscience[13]. Ainsi, Buytendijk lui-même, dont la collaboration avec Plessner date des années 1920[14], affirme que les travaux de physiologie menés par « le premier Uexküll », pourrait-on dire, ne prennent pas en compte la signification biologique des comportements animaux :

> Enfin, les vues de Uexküll sont trop dominées par la doctrine physiologique des réflexes, qui admet une séparation foncière, principielle, des phénomènes sensoriels et des phénomènes moteurs, ignore la notion

11. Helmuth Plessner, *Die Stufen des Organischen und der Mensch*, Berlin, Walter de Gruyter, 1975, préface à la seconde édition, p. XIV.

12. *Die Stufen des Organischen und der Mensch*, *op. cit.*, p. 63, 67.

13. *Ibid.*, p. 69. Voir aussi dans le même sens p. 261.

14. « C'est de ce temps que date mon amitié avec Helmuth Plessner, aux côtés duquel je travaillai en 1923 dans mon laboratoire d'Amsterdam à des études de la mimique animale. » *L'homme et l'animal*, *op. cit.*, p. 186.

> de forme stimulatrice (*Reizgestalt*) et surtout la teneur significative, la portée, le sens des phénomènes biologiques[15].

Pour Buytendijk, évacuer la psychologie de la biologie revient à l'amputer, et celle-ci n'est pas vivable sans celle-là. Cependant, comme nous le verrons, Plessner et Buytendijk montrent par ailleurs qu'ils ont bien saisi la portée du geste uexküllien et de la théorie de la signification car leur critique concerne seulement les travaux de physiologie des premiers textes – la bibliographie de Buytendijk montre qu'il se réfère alors essentiellement et comme Plessner, à « Propositions pour une nomenclature objective en physiologie du système nerveux » de 1899[16].

Mais si Uexküll refuse dans ces années toute psychologie animale, il fait cependant une place à part à la psychologie humaine car selon lui, non seulement le langage permettrait de se faire une idée de ce que pensent les autres hommes, mais la taille analogue des cerveaux humains rendrait également possible la transposition de l'homme dans son semblable. Dans ce même article de 1902, Claparède envisage déjà la question de savoir si la comparaison entre l'homme et les grands singes est possible, en demandant jusqu'où la comparaison psychologique, voire physiologique, pourrait aller inductivement par une « méthode descendante » : si l'on compare l'homme au primate, on peut comparer l'homme à d'autres mammifères pouvant eux-mêmes être comparés aux primates. À ses yeux, l'œil du chien, par exemple, ne diffère pas essentiellement de celui de l'homme, et la démarche des parallélistes, dont Claparède se fait

---

15. F. J. J. Buytendijk, *Traité de psychologie animale*, Paris, PUF, 1952, p. 37-39.

16. On peut se demander si ce n'est pas entre autre au contact des zoo-psychologues et grâce à leur critique qu'Uexküll aurait accentué ses écrits plus tardifs dans le sens de la vie et de signification.

le porte-voix, prend effectivement sens si l'on prend en compte cette nuance faite par Uexküll concernant les mammifères supérieurs : « Peut-être certaines actions des mammifères supérieurs se révéleront-elles plus tard comme des actions dirigées vers un but (téléologique), tout en étant elles-mêmes subordonnées au plan général de la nature.[17] » En 1909, Uexküll consacre à cette même question un chapitre de *Umwelt und Innenwelt der Tiere* intitulé « L'observateur », dans lequel il récuse la position des parallélistes et leur méthode de l'induction analogique :

> En revanche, les psychologues comparatistes s'efforcent de parvenir à des énoncés relatifs à la conscience des animaux au moyen de raisonnements par analogie. Ils invoquent le fait que dans la relation avec nos semblables nous inférons toujours leur vie psychique consciente à partir de leurs expressions, et ils en déduisent qu'il est également permis, avec une certaine critique, de procéder de la même manière à l'égard des animaux. Cette déduction n'est pas pertinente pour la biologie[18].

Pour faire de la biologie et non de la psychologie comparée, l'observateur doit étudier les changements *objectifs* des animaux, c'est-à-dire leurs transformations corporelles et non les changements de leur conscience, qui restent toujours invisibles. Il est donc impossible de se transposer dans la conscience de l'animal, car cela consisterait à abandonner sa propre situation (*Posten*), ce qui serait un défaut méthodologique.

Dans les *Bausteine zu einer Biologischen Weltanschaung* (*Éléments pour une vision biologique du monde*) de 1913, Uexküll s'oppose de manière différente à la psychologie. Il affirme dans le chapitre intitulé « Monde animal ou âme animale »

17. *Mondes*, p. 53.

18. *Umwelt und Innenwelt der Tiere*, Berlin, Verlag von Julius Springer, 1921 (2nd éd. augmentée et améliorée), p. 215-216.

que l'observateur n'a pas besoin de recourir au concept d'intelligence, qu'il n'est pas nécessaire de faire des hypothèses sur les sensations, les sentiments ou la pensée de l'animal, et qu'il faut se cantonner à la description de son monde de la perception (*Merkwelt*) et de ses mouvements corporels :

> Je propose aux psychologues de substituer le monde perceptif à la psyché [...]. Au lieu d'une chose a-spatiale, non intuitionable, obtenue seulement par analogie, que l'on ne peut ni observer ni fonder expérimentalement, je propose la réalité même, riche et colorée, que chacun est susceptible d'observer, d'expérimenter[19].

Le chapitre s'achève sans ambiguïté et dans le style percutant propre à Uexküll : « C'est pourquoi le mot d'ordre de la recherche doit être : *monde animal et non pas âme animale.*[20] » La critique de la psychologie a évolué, et l'opposition de la biologie à la psychologie ne se résume plus à l'opposition de l'étude des excitations du cerveau à celle des représentations de l'esprit : Uexküll parle de réalité riche et colorée, de perception, et le concept de sensation (*Empfindung*) devient absolument central dans cet ouvrage de 1913 qui théorise déjà l'activité du sujet animal.

Uexküll a néanmoins inspiré Buytendijk et plus généralement la psychologie animale, et c'est seulement à une certaine psychologie qu'il oppose la biologie. S'il prend en effet dans les *Excursions* ses distances à l'égard de la psychologie comparée et du behaviorisme qu'il met sur le même plan[21], il définit

---

19. J. von Uexküll, *Bausteine zu einer biologischen Weltanschauung: Gesammelte Aufsätze*, München, F. Brückmann A. G., 1913, p. 93.

20. *Ibid.*, p. 100.

21. « Il en est ainsi dans chaque domaine. Dans le milieu de la nature chez le behavioriste, le corps produit l'esprit ; dans le monde du psychologue, l'esprit édifie le corps. » *Mondes*, p. 90.

en même temps et paradoxalement sa doctrine du milieu comme une *psychologie des milieux* : « Les chapitres précédents décrivent quelques incursions dans le domaine inconnu de la psychologie des milieux.[22] »

2. Psychologie des milieux et biologie technique

Dès les premiers textes on perçoit néanmoins chez Uexküll l'intuition que biologie et psychologie se rejoignent, et il commence à théoriser, sans lui en donner le nom, ce qu'il appellera par la suite la « psychologie des milieux ». Cette psychologie ne considère pas l'esprit, la psyché en elle-même, substrat ou entité isolé, mais le monde de la perception (*Merkwelt*), c'est-à-dire la perception comme *rapport* au milieu, comme mouvement vivant. Le chapitre des *Bausteine* intitulé « Tierwelt oder Tierseele » établit que tant que l'on considère, comme le fait la psychologie de son temps, le monde extérieur (*Außenwelt*) comme donné une fois pour toutes, et dans lequel l'animal pâtit et agit, on en vient alors à chercher les causes des différentes manières d'agir dans l'animal et non pas dans son rapport au milieu. En revanche, la psychologie des milieux, qui n'est pas thématisée telle quelle à cette époque, considère que ce n'est pas l'animal pris isolément qui doit être étudié, mais le rapport qu'il entretient avec le monde extérieur. Si Uexküll n'évoque ni ne refuse le terme de conscience (*Bewußtsein*), on peut pourtant affirmer que l'objet de la psychologie des milieux est la conscience, au sens que lui donne ici Plessner :

> Ce n'est pas la conscience qui est en nous, mais nous sommes « en » conscience, c'est-à-dire que nous nous comportons vis-à-vis de l'environnement comme des corps vivants capables de se mouvoir. [...] mais son actualisation [de la conscience] est toujours garantie là

22. *Mondes*, p. 85. Cf. aussi p. 77.

> où l'unité de la relation entre le sujet vivant et le milieu existe à travers le corps dans une double direction, réceptive et motrice[23].

Le biologiste doit en effet envisager le sujet vivant comme un corps (Plessner dit *Leib* et Uexküll *Körper* avec une connotation plus mécaniste) qui se comporte en relation avec son milieu, et la psychologie des milieux étudie justement cette relation du corps au milieu. Le milieu doit ainsi être pensé comme le prolongement ou le rayonnement du sujet.

Si de nombreux concepts permettent à Uexküll de marquer conceptuellement la rencontre « psychologique » du sujet et de son milieu, ne pourrait-on pas considérer la particule *gegen* comme leur dénominateur commun ? En effet, ce modeste *gegen* que l'on retrouve dans de nombreux concepts s'inscrit de manière essentielle dans la théorie de la psychologie des milieux. Ce *gegen*, que l'on pourrait traduire par contre, à côté de, indique non pas une opposition, mais une proximité, un toucher. Il compose d'abord le concept de *Gegenwelt*, monde répliqué, au niveau physiologique, le *Gegenwelt* étant comme on l'a vu la partie excitationnelle du milieu intérieur (*Innenwelt*) et reflétant le monde extérieur (*Aussenwelt*). Mais c'est surtout le concept plus tardif de *Gegengefüge* (connexion intégrative) qui permet d'élever le rapport du sujet au milieu du niveau physiologique, au niveau psychoïdal[24]. En effet, alors que le *gegen* de *Gegenwelt* indique le simple reflet mécanique, physiologique, le *gegen* de *Gegengefüge* traduit quant à lui la rencontre perceptive du sujet et du milieu par le moyen des schèmes. Par ce concept complexe et difficile à rendre en français, la psychologie des milieux s'enrichit de la notion de cercle fonctionnel qui exprime l'intégration des caractères

23. *Die Stufen des Organischen und der Mensch*, *op. cit.*, p. 67.
24. Pour la distinction entre ces deux niveaux, voir la figure 12, *Mondes*, p. 78.

perceptifs et des caractères actifs du porteur de signification. Enfin le *gegen* du concept de *Gegenleistungen* exprime le contrepoint formé par les « performances » du sujet dans son ensemble, dans tout son corps, et donc le véritable prolongement du sujet dans son milieu, le rayonnement. On peut ainsi lire dans le paragraphe de *La doctrine de la vie* intitulé « Les cercles fonctionnels » :

> Les cercles fonctionnels nous montrent le contenu du milieu dans son articulation à la conformité au plan (*Planmäßigkeit*), qu'il doit à l'unité de performance du sujet. Les objets deviennent ainsi des parties du plan subjectif d'organisation et ils prennent une nouvelle forme dans chaque milieu. Le visage des objets a toujours les traits du sujet dans le milieu duquel il se trouve[25].

Lorsqu'Uexküll affirme dans *Umwelt und Innenwelt der Tiere* que le travail du biologiste consiste à étudier le corps de l'animal, il distingue alors la biologie mécanique (*mechanische Biologie*) de ce qu'il appelle étonnamment la biologie technique (*technische Biologie*)[26]. Alors que la biologie mécanique s'intéresse aux lois propres à la fois aux êtres vivants et aux machines, la biologie technique investigue quant à elle les lois propres aux seuls vivants qu'elle considère donc comme possédant des propriétés et des facultés dépassant celles du simple machinique (*übermaschinelle*) : « C'est pourquoi si la biologie mécanique veut être quelque chose de plus qu'une simple mécanique des corps animaux, elle doit avant tout parvenir à une vue intuitive du milieu de l'animal dont elle investigue

25. *Die Lebenslehre*, *op. cit.*, p. 153.

26. On peut se demander si l'opposition entre technique et mécanique de la nature possède une origine kantienne.

la performance.[27] » La biologie technique comme la psychologie des milieux s'intéressent donc au rapport que l'animal entretient avec son milieu. Malgré, comme on l'a vu, le changement de perspective entre les premiers travaux d'Uexküll et ses derniers textes, cette intuition fondamentale demeure, et on pourrait *à la limite* employer indifféremment les expressions biologie technique et psychologie des milieux. En effet, si l'expression « biologie technique » ne se retrouve pas directement dans les écrits postérieurs, l'idée qu'elle implique est présente de manière insigne dans la *Théorie de la signification* sous l'expression « la technique de la nature ». Uexküll consacre un chapitre entier à cette expression qui renvoie à la technique de composition contrapunctique des milieux, telle que nous l'avons précédemment explicitée dans la partie intitulée « Le milieu ajusté ». Dans ce chapitre des *Excursions* sur la technique naturelle, Uexküll pointe la faiblesse de la biologie mécaniste :

> Il ne suffit pas non plus de ne prêter d'autres fonctions aux animaux et aux plantes de la prairie que de disperser dans l'espace leurs couleurs, leurs sons et leurs odeurs. Ceux-ci doivent d'abord être accueillis dans les milieux des autres animaux et y être changés en signaux perceptifs[28].

Contrairement à la biologie mécanique, la biologie technique s'intéresse donc au monde perceptif de l'animal en tant qu'il perçoit activement son milieu et qu'il n'est pas seulement une machine qui photo-reçoit. Dans l'introduction de son *Traité de psychologie animale* Buytendijk félicite Uexküll d'avoir montré que cette activité perceptive est effective dès les premiers stades animaux, et qu'en ce sens une psychologie des amibes est dès lors possible :

---

27. *Umwelt und Innenwelt der Tiere*, *op. cit.*, p. 217.
28. *Mondes*, p. 148-149.

> Mais, dès 1909, J. von Uexküll a mis à mal cette illusion. [...] Les animaux occupant le plus bas échelon de la systématique zoologie – les amibes – manifestent déjà des « normes supra-machinales », puisqu'ils ne se bornent pas à user d'organes adaptés au milieu, mais, suivant leurs besoins et les situations, produisent de nouveaux organes caractéristiques de l'espèce, phylétypiques. Aussi, von Uexküll conclut-il : « L'amibe est moins machine que le cheval »[29].

La biologie technique ou la psychologie des milieux ne considèrent donc pas l'abeille en elle-même, mais son comportement et ses performances en fonction de son milieu, en fonction de la fleur notamment : « La fleur est pour l'abeille (*bienenhaft*) et l'abeille pour la fleur.[30] » En s'enquérant de la technique de composition des milieux, la biologie technique et la psychologie des milieux fondent expérimentalement la théorie de la signification.

Si Uexküll conserve le terme de psychologie, c'est parce qu'il pense en termes d'image et de tonalité projectives, celles-ci correspondant dans une certaine mesure à ce que nous avons nommé, avec Plessner, conscience. Approfondissant, donc, sa recherche sur la perception et le monde de la perception, Uexküll écrit dans le chapitre « Image de recherche et tonalité de recherche » (*Suchbild und Suchton*)[31] des *Excursions* : « Je commencerai

29. *Traité de psychologie animale*, *op. cit.*, p. VIII-IX.

30. *Mondes*, p. 152.

31. Philippe Muller traduit approximativement *Suchton* par « schéma de recherche », ce qui empêche de voir en français la symétrie du titre du chapitre et la nature de ce couple conceptuel. La traduction de Ch. Martin-Freville est plus juste mais plus complexe : « Images-prospection et tonalité prospective. » Par « Image de recherche et tonalité de recherche » nous conservons la simplicité de la traduction de Muller tout en rendant le parallélisme entre les deux termes. Notons cependant que la traduction de Muller souligne le fait que les images et les tonalités de recherche

de nouveau par deux expériences personnelles, susceptibles de bien montrer ce qu'il faut entendre par ce facteur si important de la psychologie des milieux : "l'image de recherche".[32] » Les deux expériences montrent alors comment dans le milieu de l'homme une image de recherche peut annuler une image perceptive – cherchant l'habituelle cruche en glaise, je ne vois pas la carafe en verre qui la remplace –, et en quoi peut consister une image de recherche dans le milieu par exemple du crapaud :

> Un crapaud qui, après un long jeûne, a mangé un ver de terre, se précipite immédiatement sur une allumette qui présente une forme semblable à celle du ver de terre. Il faut conclure que le ver qu'il vient de manger lui sert d'image de recherche. En revanche si le crapaud a calmé sa première faim à l'aide d'une araignée, il possède une image recherche différente et il happe un petit morceau de mousse ou une fourmi, ce qui du reste lui réussit fort mal[33].

Lorsque l'image de recherche est une image active, c'est-à-dire que le sujet se projette dans une action, il faut alors parler de tonalité de recherche : je ne cherche pas une chaise en général, mais un moyen de m'asseoir, et le bernard-l'hermite ne cherche pas l'anémone de mer mais un moyen de manger ou de se protéger. Pour Uexküll, dont la position théorique des *Excursions* est, sur ce point, antithétique à celle des « Propositions pour une nomenclature objective en physiologie du système nerveux » publiés 35 ans plus tôt, l'image de recherche et la tonalité de recherche ne sont pas le produit d'une stimulation

---

reposent sur les schèmes, donc que la psychologie des milieux est inextricablement liée à ce que l'on a appelé sa théorie de la perception.

32. *Mondes*, p. 77.

33. *Ibid.*, p. 79. Il faut donc compléter l'espace vécu par un troisième type d'espace : l'espace de recherche, qui interagit avec les espaces actifs et perceptifs.

extérieure, mais représentent « des élaborations subjectives libres » ; la psychologie des milieux étudie les « facteurs auxquels on ne peut attribuer aucune réalité objective[34] ». En fait, ces élaborations subjectives libres ne se limitent pas à l'image de recherche, mais incluent de nombreux autres phénomènes tels que le chemin familier, le chemin inné que la larve de bruche creuse dans la chair du jeune pois, la migration des oiseaux, ou encore le « milieu magique » d'une petite fille dans la forêt.

La nomenclature objective dressée avec Beer et Bethe aurait été dans l'incapacité totale de décrire les « réalités purement subjectives » des milieux[35], et Uexküll va donc à l'encontre de ce qu'il préconisait dans ces années 1900, notamment lorsqu'il écrit dans les mêmes pages des *Excursions* que la poule « se met en colère », et lorsqu'il parle encore du chien « craintif » et admet des caractères différents chez des individus au sein d'une même espèce[36]. Et Buytendijk de noter justement dans son *Traité de psychologie animale* : « Lorsqu'il décrit par exemple la conduite du chien ou du bernard-l'hermite, von Uexküll parle, *comme tout autre zoopsychologue*, de flairer, de chercher, d'attendre, de fuir, etc.[37]. » Dans ce même traité il critique néanmoins la forme que prend la psychologie des milieux d'Uexküll : « Admettre, avec von Uexküll, une "image de recherche", suscitée par le commandement, nous apparaît trop simpliste. [...] Or, tous nous savons par expérience que, souvent, nous cherchons sans être menés par des représentations dont nous aurions conscience comme d'images "données" à la visualisation.[38] » Mais Buytendijk ne prend pas en compte le fait que les exemples d'Uexküll ne

---

34. *Ibid.*, respectivement p. 80 et p. 84.
35. *Ibid.*, p. 84.
36. *Ibid.*, p. 71-72.
37. *Traité de psychologie animale*, *op. cit.*, p. 38 (nous soulignons).
38. *Ibid.*, p. 243.

se limitent pas au seul chien, et qu'ils concernent également la migration des oiseaux ou les milieux magiques, c'est-à-dire des cas où il n'y a pas d'images conscientes, d'images données à la visualisation, c'est-à-dire de représentation.

Mais la question se pose maintenant de savoir comment entrer concrètement dans les milieux animaux. Quelle est, donc, la méthode de la psychologie des milieux ou pour reprendre le mot d'Uexküll, comment adopter le point de vue du bouleau, du chêne ou du choucas ?

3. La méthode de l'observateur : le découpage et le choix des exemples

Comment, concrètement, adopter le point de vue d'un animal sans s'y transposer de manière anthropocentriste ? Pour pénétrer les milieux animaux, deux conditions sont requises de la part de l'observateur : l'imagination et l'expérimentation. Le chapitre « L'observateur » de *Umwelt und Innenwelt der Tiere* décrit ainsi comment le biologiste doit dans un premier temps découper son propre milieu afin de voir quels éléments de celui-ci peuvent valoir comme signes perceptifs dans le milieu de l'animal. On retrouve encore cette métaphore du découpage des milieux animaux dans celui de l'homme dans *La doctrine de la* vie de 1930 : à partir de notre milieu qui constitue l'environnement des animaux, ceux-ci se découpent, comme on l'a vu, un cercle vital qui leur convient – de la même façon que nous découpons des figures dans une feuille de papier[39]. Uexküll se penche alors sur la méthode permettant de découvrir les lignes de découpage : « Il est naturel dans ce processus que nous attribuions à l'animal son milieu à l'aide de nos caractères perceptifs.[40] » Ce travail de l'imagination, qui appelle des investigations critiques, consiste

39. *Die Lebenslehre*, *op. cit.*, p. 145.
40. *Ibid.*, p. 145-146.

ainsi à se demander de quelle nature peut être, par exemple, une « chose de moustique » (*Mückendinge*)[41]. Uexküll parle de manière similaire des choses de guêpes, choses guêpiques, ou choses-pour-la-guêpe (*Wespendingen*) pourrait-on encore traduire. C'est ce que remarque encore, à sa suite, Heidegger : « On est tenté de dire : ce que nous rencontrons là comme roche et comme soleil, ce sont, pour le lézard, précisément des choses de lézard.[42] » C'est à partir de cette méthode d'investigation des milieux cachés des animaux basée sur l'imagination que les travaux d'éthologie objectiviste de Lorenz et Tinbergen se feront dans les années 1940, en opposition à la psychologie animale behavioriste de Watson et de ses labyrinthes, de Skinner et de ses expériences de conditionnement du pigeon – en opposition donc à ceux qu'Uexküll appelle « les savants américains[43] ». Lorenz hérite notamment d'Uexküll la prise en compte des différentes espèces : il faut poser des questions de moustiques aux moustiques et des questions d'oies aux oies. Outre l'imagination, c'est une expérimentation singulière qui caractérise l'approche de notre biologiste comme le montrent ses expériences relatives au chemin familier dans lesquelles aucun chemin, aucun labyrinthe et aucune décharge électrique – pour punir l'animal de son mauvais choix par exemple – ne sont imposés à l'animal. Et Canguilhem de relever justement :

> Enfin le rapport organisme-milieu se trouve retourné dans les études de psychologie animale de von Uexküll et les études de pathologie humaine de Goldstein. L'un et l'autre font ce renversement avec la lucidité qui leur vient d'une vue pleinement philosophique du problème. Uexküll et Goldstein s'accordent sur ce point fondamental : étudier un vivant

---

41. *Umwelt und Innenwelt der Tiere*, *op. cit.*, p. 217.
42. *Les concepts fondamentaux de la métaphysique*, *op. cit.*, p. 294.
43. *Mondes*, p. 94.

> dans des conditions expérimentalement construites, c'est lui faire un milieu, lui imposer un milieu. Or le propre du vivant, c'est de faire son milieu, de se composer son milieu[44].

Une question absolument centrale est celle du statut du concept d'environnement (*Umgebung*). S'agit-il d'un concept purement méthodologique, d'une grille d'interprétation humaine et objectiviste de la nature, ou bien possède-t-il au contraire une réalité effective, et renvoie-t-il, autrement dit, à quelque chose d'étant ? En fait, l'environnement est le milieu de l'homme théoricien, c'est le milieu de l'homme en tant qu'il observe et compare son milieu avec d'autres milieux. L'environnement n'indique rien de réel, d'effectif, il n'a donc pas de réalité objective mais seulement une réalité formelle, théorique. C'est une construction méthodologique érigeant ce que nous pouvons percevoir de la nature en monde commun. Il y a, comme le note Merleau-Ponty dans ses cours sur la Nature au Collège de France, emboîtement des milieux des animaux dans l'environnement (*Umgebung*) qui est le milieu de l'homme. Mais comme Uexküll ne cesse de l'affirmer, il n'y a pas *un* milieu unique de l'homme, et c'est pourquoi l'environnement tel quel (*Umgebung*) n'existe pas. L'emboîtement, l'englobement des milieux entre eux n'est pas « réel », ou plutôt, les milieux ne sont pas emboîtés les uns dans les autres à la manière des matriochkas. Il y a au contraire chevauchements, croisements, rencontres, rapports, c'est-à-dire finalement *réseau*. Un autre texte de *La doctrine de la vie* invite à penser cette acception de ce concept. Dans le chapitre intitulé « Milieu et environnement », Uexküll rappelle ainsi que le milieu de l'animal ne se laisse pas réduire à une partie du nôtre :

---

44. *La connaissance de la vie, op. cit.*, p. 183-188.

> La vie de chaque sujet se joue sur une scène particulière et pas seulement sur la scène humaine qui nous est propre et qui ne représente absolument pas la scène mondiale universelle de tous les sujets. Les psychologues cherchent à esquiver ce principe biologique dans la mesure où ils appliquent la méthode de l'empathie aux animaux visibles depuis la scène humaine qui leur est propre. De ce fait, la scène humaine se voit accorder un caractère absolu de manière illégitime[45].

Le concept d'environnement est donc bien un concept méthodologique de découpage, et c'est *du point de vue humain* seulement que l'animal découpe son milieu dans celui de l'homme. Uexküll indique ainsi dans les passages consacrés aux « rapports unissant les milieux entre eux » que le chêne est un seul et même sujet « qui porte et renferme tous les milieux – sans être reconnu ni jamais pouvoir l'être par *tous* les sujets de ces milieux[46] ». Uexküll insiste bien, même l'observateur ne peut pas connaître le chêne en tant qu'objet, il ne peut faire que « *comme si* », comme nous le verrons. Dire que le chêne « porte et renferme les milieux » signifie non pas qu'il les englobe, qu'il les contient à la manière dont la cruche contient le vin, mais qu'il *porte leurs rapports et renferme leur signification*, qu'il constitue un centre du réseau.

Mais afin de mettre en avant la faculté imaginative que doit posséder le biologiste, l'image du découpage laisse parfois place à celle de la peinture :

> La meilleure façon de se représenter intuitivement le développement du milieu optique des animaux est de considérer la manière dont un peintre esquisse l'image d'un paysage. Il esquisse d'abord les grandes surfaces qui donnent à l'image comme un équilibre lumineux. Quand il est tout

45. *Die Lebenslehre, op. cit.*, p. 131.
46. *Mondes*, p. 88.

> à fait sûr d'avoir atteint l'équilibre, il introduit toujours de nouveaux coloris et des contours plus précis, jusqu'à ce que naissent enfin sous nos yeux les objets colorés et lumineux[47].

L'image de la peinture est peut-être plus juste, ou du moins plus efficace que celle du découpage car elle permet de penser les tonalités du milieu animal. À la question posée en 1974 par Thomas Nagel de savoir « Quel effet cela fait d'être une chauve-souris ? » et à laquelle il répond que nous ne pouvons savoir ce que *ressent* une chauve-souris dans la mesure où il s'agit là d'une expérience subjective, Uexküll répondait déjà d'une certaine manière dans ce même texte de 1909 : « L'observateur ne peut reconnaître les signaux perceptifs qui agissent sur l'animal seulement comme des propriétés de son monde phénoménal qui correspondent à ses sensations. Les sensations des animaux lui restent à jamais cachées.[48] » Comment dès lors penser les tonalités en termes non pas d'états d'âme, de sentiments, mais de mouvements ? Pénétrer la conscience d'un sujet animal n'est donc pas possible par transposition ou par intropathie (*Einfühlung*), car seuls les caractères perceptifs que manifestent les mouvements vitaux peuvent être partagés et non les sentiments. À cette condition, on pourrait penser un socle commun à tous les milieux constitué par les fonctions ou les tonalités vitales de la nutrition (*Fresston*), de l'amour (*Liebton*), du partenaire (*Kumpan*), etc., c'est-à-dire finalement par les catégories vitales, communes *a priori* à tous les êtres vivants.

Mais observe-t-on un chien comme on observe une fourmi, ou une cellule ? Malgré un possible socle commun, ne faut-il pas par ailleurs admettre que certains milieux « s'emboîtent » mieux que d'autres dans le nôtre, que nos rapports de signification

47. *Umwelt und Innenwelt der Tiere, op. cit.* p. 243.
48. *Ibid.*, p. 219.

sont plus proches, que nous sommes plus proches que d'autres dans le grand réseau interspécifique ? Et donc finalement, que certains milieux sont plus faciles à explorer que d'autres ?

Pour répondre à cette question il faut tenter maintenant de dépasser Uexküll en le prolongeant. Arrêtons-nous pour cela sur la relation contrapunctique entre l'homme et le chien, c'est-à-dire sur le rapport phylogénétique de domestication. Dans *Le monde naturel comme problème philosophique*, peu avant d'aborder la dimension subjective de la biologie d'Uexküll, Patočka écrit :

> De manière générale, les bêtes et leurs relations vitales ne sont ni des choses tout bonnement perçues, ni sans plus des citoyens du monde. Elles nous imposent à nous leur mode animal de relation, le rapport d'attaque ou de défense. Aussi longtemps évidemment qu'elles ne sont pas domestiquées, c'est dans ce domaine étroit que nous communiquerons avec elles, c'est dans ces limites-là et selon quelques fonctions organiques fondamentales que nous les comprenons originairement[49].

Comme le remarque le philosophe tchèque, la possibilité d'entrer dans un milieu animal dépend des rapports que nous avons avec lui, la domestication créant justement des rapports bien particuliers entre l'homme et l'animal. À cet égard, on n'observe donc pas un chien comme on observe une fourmi, ni même un chacal ou un loup puisqu'il n'existe pas chez ces derniers de rapports par exemple de fidélité ou de confiance. Les milieux du chien et de l'homme sont par nature, c'est-à-dire selon la technique naturelle, ajustés l'un à l'autre dans une relation de contrepoint, et l'investigation du milieu canin est d'une tout autre nature que celle par exemple du chacal. Lorenz suggère

---

49. J. Patočka, *Le monde naturel comme problème philosophique*, La Haye, Martinus Nijhoff, 1976, p. 83.

en 1954 dans le premier chapitre de *So kam der Mensch auf den Hund* que l'homme a domestiqué le chien *en même temps*, pourrait-on dire, que le chien a domestiqué l'homme[50]. C'est dans ce cadre que l'on peut parler de co-évolution entre l'homme et certains animaux, co-évolution qui suppose par conséquent un monde, un milieu commun. Les questions méthodologiques concernant le choix des animaux à étudier sont dans cette perspective absolument cruciale.

Mais cette question méthodologique s'inscrit dans le contexte plus général de l'anthropologie allemande de la première moitié du XXe siècle, et elle est en particulier thématisée par Scheler, Plessner et Heidegger. Ce dernier consacre le paragraphe 49 des *Concepts fondamentaux de la métaphysique* à cette question méthodologique de la transposition dans l'animal. En déconstruisant le concept d'intropathie (*Einfühlung*) et en s'y opposant comme Uexküll, Heidegger tente de penser une transposition en termes d'accompagnement : « Parvenons-nous à accompagner l'animal dans la façon dont il écoute et dont il voit, dans la façon dont il attaque sa proie [...] ?[51] » Comme chez Uexküll, la question de méthode n'est pas une question annexe, mais elle est au contraire intimement liée à la question de l'animalité elle-même et du rapport de l'homme à l'animal :

> Qu'y a-t-il en l'animal qui permet et demande cette transposition de l'homme en lui, et qui, néanmoins, continue de refuser à l'homme qu'il l'accompagne ? Qu'est-ce que, de la part de l'animal, ce *pouvoir d'accorder une transposition* et ce *falloir refuser un accompagnement* ? Qu'est-ce que cet avoir et ne pas avoir[52] ?

50. K. Lorenz, *Tous les chiens, tous les chats*, Paris, Flammarion, 1970, chap. I.
51. *Les concepts fondamentaux de la métaphysique*, *op. cit.*, p. 301.
52. *Ibid.*, p. 311.

En ce sens, le choix de prendre tel ou tel exemple d'animal est à chaque fois déterminant, et si Heidegger choisit parfois l'exemple de l'abeille ou du lézard, il consacre des passages centraux à l'animal domestique, et plus particulièrement au chien. Contrairement à l'abeille, le chien accorde en effet une sphère singulière de transposition qui est l'accompagnement : nous vivons *avec* lui. Alors qu'il faudrait parler d'une « tonalité humaine » chez le chien domestique, et d'une relation homme-chien avec des rapports de fidélité, d'amitié, de dépendance, de domination, de sujétion, etc., rapports qui se manifestent par exemple dans le dressage, le rapport de l'homme à l'abeille est quant à lui très pauvre et asymétrique, c'est-à-dire unilatéral. Heidegger demande à propos de la compagnie de l'homme et du chien ce que signifie cet *être-ensemble* : « Que veut dire cet "avec" ?[53] » Peut-on penser cet *avec* de manière contrapunctique en pensant à la co-évolution de l'homme et du chien, l'homme apparaissant, devenant homme *avec* le chien, c'est-à-dire en même temps que le chien devient chien ?

Il semble donc périlleux de décider de l'essence de l'animalité à partir du seul exemple de l'abeille ou de celui du chien, et le choix d'écarter une approche de l'animalité par les grands singes est un choix méthodologique décisif[54]. Peut-on penser l'ensemble du règne animal à travers tel ou tel animal ? Diviser la nature en trois classes aussi tranchées (*weltbildend*, *weltarm* et *weltlos*) comme le fait Heidegger ne pose-t-il pas problème,

---

53. *Ibid.*, p. 310-311.

54. « Pour bien voir la particularité du comportement, nous devons rester méthodiquement orientés sur ceci : se mettre en présence de modes de comportement qui, de part leur caractère intimement constant, sont de prime à bord éloignés des types d'attitude que les animaux supérieurs affichent dans une correspondance apparemment fidèle à notre tenue d'un rapport. Voilà pourquoi nous allons chercher du côté du comportement des abeilles. Mais nous le ferons aussi parce que les insectes ont une fonction insigne au sein de la problématique biologique. » *Ibid.*, p. 351.

et ne faut-il pas distinguer des degrés au sein du vivant en faisant également une place à part au monde végétal comme le fait Uexküll ? Nous allons donc faire dialoguer l'entreprise phénoménologique du cours heideggérien de 1929-1930 sur les *Concepts fondamentaux de la métaphysique* avec les thèses uexkülliennes – Heidegger et Uexküll étant à la fois très proches et au plus loin, comme s'ils s'accompagnaient l'un l'autre tout en refusant cet accompagnement.

II. L'HOMME ET L'ANIMAL : ENTRE UEXKÜLL ET HEIDEGGER

1. Pauvreté du milieu, pauvreté en monde

Tentons maintenant de confronter les positions d'Uexküll et de Heidegger à travers le concept de pauvreté présent dans deux textes clefs. Alors que le premier avance :

> La richesse du monde qui entoure la tique disparaît et se réduit à une forme pauvre qui consiste pour l'essentiel en trois caractères perceptifs et trois caractères actifs – son milieu. Mais la pauvreté du milieu conditionne la sûreté de l'action, et la sûreté est plus importante que la richesse[55],

les *Concepts fondamentaux de la métaphysique* déclarent de leur côté :

> Rappelons-nous que depuis von Uexküll, il est devenu courant de parler d'un *milieu* ou d'un *monde ambiant des animaux*. Là contre, notre thèse dit : l'animal est pauvre en monde[56].

55. *Mondes*, p. 26.
56. *Les concepts fondamentaux de la métaphysique*, *op. cit.*, p. 287.

Mais comme Heidegger l'admet lui-même, il existe une tension profonde dans ce cours puisqu'il cherche à « concilier l'idée d'une différence irréductible entre l'homme et l'animal, défendue par exemple par Scheler, avec celle d'une absence de hiérarchie et d'une égale perfection de tous les êtres vivants que défend la biologie de von Uexküll[57] ». Au premier abord, Uexküll et Heidegger semblent proches eu égard à leur souci commun de ne pas penser la pauvreté comme un manque ou comme un défaut. La pauvreté n'est jamais pour Uexküll le signe d'imperfection : « La première proposition fondamentale de la théorie des milieux : *tous les sujets animaux, les plus simples comme les plus complexes, sont ajustés à leur milieu avec la même perfection.*[58] » De son côté Heidegger écrit dans le même sens que « c'est une erreur fondamentale de penser que les amibes et les infusoires seraient des animaux plus imparfaits que les éléphants et les singes. Chaque animal, et chaque espèce animale, sont comme tels aussi parfaits que les autres[59] ». Mais si Heidegger parle de la pauvreté *en* monde de l'animal, Uexküll parle quant à lui de la pauvreté *du* milieu de l'animal, et cette nuance est fondamentale. D'abord, la pauvreté est essentielle chez le philosophe et il n'y a pour ainsi dire qu'une seule pauvreté, celle *en* monde ; les milieux animaux sont en revanche plus ou moins pauvres chez le biologiste, la richesse et la pauvreté étant comme nous allons le voir graduelles. Mais nos deux penseurs se situent par

---

57. *Ibid.*, p. 274.

58. *Mondes*, p. 24. Les milieux étant toujours parfaits, conforment au plan, Uexküll ne peut pas penser l'erreur, la monstruosité, la maladie, la pathologie – ce que fait au contraire Goldstein en étudiant notamment la lésion cérébrale qui est suivie d'une récupération des fonctions psychiques, signe d'une possibilité *d'adaptation* des structures nerveuses. La seule monstruosité réside chez Uexküll dans les expériences de greffe, c'est-à-dire lorsque l'homme change les plans naturels. La seule forme d'erreur chez Uexküll, est l'erreur d'interprétation des signes, comme le montre l'exemple du grand-duc et des canetons (*Mondes*, p. 136-137).

59. *Les concepts fondamentaux de la métaphysique*, *op. cit.*, p. 288.

ailleurs sur deux plans différents : ontologique chez Heidegger et épistémologique chez Uexküll. En maintenant une différence qualitative irréductible, ontologique, entre l'homme et l'animal Heidegger pense finalement moins comme un biologiste, comme Uexküll, que comme un anthropologue, comme Scheler. Explicitons maintenant ces deux conceptions de la pauvreté.

Uexküll pense la pauvreté des milieux en termes de différence *de degré* : « À l'animal simple correspond un milieu simple, à l'animal complexe un milieu richement articulé.[60] » Lorsqu'Uexküll évoque avec une connotation leibnizienne le « milieu *optimal* associé à un entourage *pessimal* », il entend que le milieu devient plus sûr à mesure qu'il devient plus pauvre[61]. En fait, dire que la pauvreté du milieu est graduelle signifie qu'elle est fonction du nombre de schèmes de l'animal. Cette différence graduelle consiste en des paliers, des seuils d'intensité – intensité de perception chez le paon par exemple : « L'odeur qui se dégage alors du sol exerce une action si puissante sur les mâles qu'ils arrivent de partout et qu'aucune autre odeur ne les distrait, toutes tombant au-dessous du seuil de leur perception.[62] » Milieu ayant pour synonyme le terme de monade, comme le suggère Uexküll dans *Der Stein von Werder*, on pourrait distinguer différents degrés de pauvreté du milieu de la même manière que Leibniz distingue entre trois genres de monades, qui ne diffèrent pas essentiellement mais graduellement, c'est-à-dire selon leurs seuils d'intensité : il faudrait alors distinguer entre les animaux « républiques réflexes », les insectes et les mammifères supérieurs comme Leibniz distingue entre les monades « toutes nues », les monades mémorantes, et les monades raisonnables

60. *Mondes*, p. 24.
61. *Ibid.*, p. 27.
62. *Ibid.*, p. 135.

ou réflexives[63]. Alors que Heidegger semble ne pas parvenir à penser la plante, on peut penser avec Leibniz la plante comme une monade endormie, et Uexküll fait dans ses écrits une place à part aux plantes, celles-ci ne possédant pas de milieu mais un habitat (*Wohnhülle*) : « La plante ne possède aucun organe de milieu, mais se trouve immédiatement immergée dans son habitat.[64] » En se référant également à Leibniz et à ses théories des petites perceptions et de l'intégration, Weizsäcker envisage ainsi le seuil perceptif comme « une opération limitative effectuée par le sujet qui affronte le monde[65] ». La pauvreté uexküllienne est avant tout une pauvreté perceptive, c'est la pauvreté des intégrations sensiro-motrices, la faible capacité à franchir certains seuils : la tique ne peut franchir que trois seuils qui font la pauvreté de son milieu. Au contraire, la pauvreté en monde (et donc la différence anthropologique) se joue chez Heidegger sur l'opposition *d'essence* entre le *Verhalten* (se conduire) et le *Benehmen* (se comporter). Cette pauvreté, c'est celle du comportement : « La *manière* dont *est* l'homme nous l'appelons *Verhalten* (tenue de rapport, conduite) ; la *manière* dont *est* l'animal, nous l'appelons *Benehmen* (comportement).[66] » La pauvreté est finalement pensée par Heidegger comme privation, privation d'un rapport de questionnement de l'être de l'étant, elle correspond à un mode d'être particulier : l'étourdissement, l'accaparement, la stupeur ou l'absorption, autant de termes pouvant traduire le terme allemand *Benommenheit.* Mais comment ne pas se poser la question plus globale de la limite de la distinction métaphysique entre la conduite et le comportement et plus généralement de la méthode phénoménologique en tant

63. Leibniz, *Monadologie*, § 21.
64. *Mondes*, p. 106.
65. *Le cycle de la structure*, *op. cit.*, p. 213. Voir aussi p. 123 et 171.
66. *Concepts fondamentaux de la métaphysique*, *op. cit.*, p. 347.

qu'elle s'appuie sur l'épaisseur de la langue commune ? On se retrouve ici confronté au problème de la langue dans laquelle la description phénoménologique prend (explicitement ou implicitement) racine, langue d'essence métaphysique, langue commune dont l'épaisseur implique de nombreuses couches historiques, de nombreuses strates sémantiques, de nombreuses « traditions », certainement, auxquelles Heidegger fait référence dans le sixième paragraphe d'*Être et temps*. Dans sa description de l'accompagnement de l'homme et de l'animal, Heidegger écrit :

> Et pourtant il monte l'escalier avec nous. Il engloutit sa nourriture (*frißt*) avec nous – non, nous n'avalons pas notre nourriture. Il mange (*ißt*) avec nous – non, il ne mange pas. Et pourtant c'est avec nous ! Il y a un accompagnement, une transposition – et pourtant il n'y en a pas[67].

La distinction établie par la langue commune entre *essen* (manger) et *fressen* (bouffer) et à laquelle les *Concepts fondamentaux de la métaphysique* se réfèrent ici échappe-t-elle à la critique heideggérienne de l'essence métaphysique du langage ? En ce sens, on peut comprendre l'intérêt de la nomenclature objectiviste d'Uexküll servant justement à mettre tous les présupposés de la langue quotidienne, usuelle, de côté. En effet, est-il moins problématique de distinguer entre *fressen* et *essen* que d'employer par exemple le terme de « nutrimo-reception » ? Comme le choix des exemples d'animaux, le choix de la langue de description est méthodiquement fondamental ; faut-il employer, pour décrire les comportements animaux, la langue de la phénoménologie, celle de la psychologie comparée, de la physiologie, de l'éthologie, la langue du vétérinaire, celle du dresseur, du directeur de zoo, etc. ?

67. *Ibid.*, p. 310, trad. mod.

On peut donc affirmer qu'il n'est pas question du même concept de pauvreté chez nos deux penseurs et il reste problématique de les confronter, ce qu'incite pourtant à faire Heidegger lui-même lorsqu'il pose sa thèse, comme on l'a vu au début de ce chapitre, précisément contre celle de Uexküll : « Là-contre, notre thèse dit : l'animal est pauvre en monde. » Cette différence irréductible repose en dernière instance sur les concepts de *Welt* et d'*Umwelt*. Le cœur de la confrontation entre Uexküll et Heidegger, qui est aussi la limite de leur dialogue, est qu'il y a une infinité de milieux pour le premier, plus ou moins pauvres, alors qu'il n'y a que le monde pour le second, qui choisit de réserver les concepts de *Welt* et d'*Umwelt* à l'homme et d'employer pour l'animal celui d'*Umgebung* plus neutre que celui *d'Umwelt*. *Umwelt* est employé dans *Sein und Zeit* pour désigner le monde inauthentique de la quotidienneté, et Heidegger écrira en 1935 dans l'*Introduction à la métaphysique* que « l'animal n'a pas de monde, ni non plus de milieu (*keine Welt, auch keine Umwelt*)[68] ». En conservant le terme de *Welt* pour l'homme et en refusant d'utiliser celui d'*Umwelt* pour l'animal, Heidegger reste selon nous prisonnier de la métaphysique, de l'essentialité, et il ne parvient pas à quitter le présupposé de la préséance de l'existence sur la vie[69].

En un sens, Heidegger et Uexküll ont un concept analogue d'*Umwelt*, mais Heidegger refuse de l'appliquer à l'animal et le garde uniquement pour décrire l'homme dans sa quotidienneté.

---

68. M. Heidegger, *Einführung in die Metphysik*, Tübingen, Niemeyer, 1998 (6e éd.), p. 34.

69. Il n'y a cependant pas chez Heidegger de « mépris métaphysique » dans la mesure où il affirme que la « stupeur » de l'animal est une ouverture vitale plus intense que la plupart des expériences vécues de l'homme, et il faudrait pouvoir développer cette affirmation surprenante : « La vie est un domaine qui a une richesse d'ouverture telle que le monde humain ne la connaît peut-être pas du tout. » *Les concepts fondamentaux de la métaphysique*, *op. cit.*, p. 372.

Chez Uexküll, ce sont les milieux sociaux et professionnels, comme les milieux canin et arachnéen qui diffèrent graduellement dans leurs pauvretés, et même si les cercles fonctionnels humains sont plus variés et plus complexes que ceux de l'animal, l'homme reste néanmoins captif de ses circuits pulsionnels (*Ring*), de ses cercles fonctionnels. Commentant les *Niegeschaute Welten* d'Uexküll, Buytendijk s'oppose à l'usage du concept d'*Umwelt* à l'égard de l'homme : « Un arbre est un objet différent pour le chasseur, pour le marchand de bois, pour le poète, de même qu'il comporte pour un écureuil, un hibou, un papillon ou un scarabée des caractéristiques différentes. Cette comparaison est absolument erronée. *L'homme n'a pas un milieu, il a un monde.* En face de ce monde, il se *choisit* un point de vue.[70] » La différence pour Buytendijk qui, sur ce point, reste heideggérien en maintenant la différence anthropologique de type métaphysique entre la conduite humaine et le comportement animal, tient à l'idée selon laquelle l'homme se distingue par sa liberté, aussi relative soit-elle, et par le système de valeurs et de normes qu'il peut créer. Il faut donc souligner la position singulière d'Uexküll à cette époque et la puissance du concept d'*Umwelt* qui mine cette différence anthropologique fondée sur le concept de *Welt* – l'originalité de sa position étant, comme le montre cette critique de Buytendijk, d'attribuer les mêmes valeurs et réalités subjectives aux milieux [animaux et humains, aux milieux] par exemple du renard et du forestier.

Il ne faut donc pas refuser pour l'animal de manière absolue et *a priori* la possibilité d'avoir une relation extatique au monde. Ainsi certains animaux semblent avoir un rapport à Autrui et être des êtres-pour-la-mort au même titre que l'homme, comme en témoignent par exemple le phénomène de suicide

---

70. *L'homme et l'animal*, *op. cit.*, p. 56, trad. mod.

chez des dauphins en captivité, ou l'existence chez l'oie cendrée de comportements manifestant une expérience du deuil. De même, donc, qu'il faut maintenir avec Uexküll l'existence d'une conduite, ou du moins, comme nous allons le voir plus loin, d'une certaine liberté chez l'animal, il faut inversement envisager l'accaparement, la stupeur (la *Benommenheit*) comme mode d'être possible de l'homme. Si c'est peut-être d'abord les expériences de stupeur répétées par Robinson dans la boue telles qu'elles sont décrites dans *Vendredi ou les limbes du Pacifique* de Michel Tournier qui viennent à l'esprit, Lorenz est également l'auteur d'une magnifique description d'une « expérience canine », telle qu'on peut la faire par un jour de *cani*-cule. Le chapitre « Sous le signe du chien » de *Tous les chiens tous les chats*, décrit la manière dont les choses perdent progressivement leurs significations pour Lorenz lorsqu'il se retire de la société humaine pour rejoindre « celle des animaux ». Et de même que rien n'existe pour la tique mis à part trois *stimuli* précis, il n'existe plus que deux perceptions capables de faire sortir Lorenz de sa torpeur : la baisse de luminosité et la fraîcheur de la tombée du jour.

> Lorsque, par un chaud jour d'été je traverse le Danube à la nage et vais m'étendre dans un des bras langoureux de ce grand fleuve comme un crocodile dans la boue, au milieu d'un paysage dépourvu du moindre signe de civilisation humaine, j'accède parfois à ce stade miraculeux, but ultime des sages de l'Orient. Sans m'endormir, mes pensées se dissolvent dans une étrange harmonie avec la nature environnante, le temps s'arrête, il cesse de signifier quelque chose, et, lorsque le soleil déclinant et la fraîcheur du soir m'avertissent qu'il me reste encore à nager cinq kilomètres et demi pour rentrer à la maison, je ne sais vraiment pas si mon séjour dans la boue du fleuve se compte en secondes ou en années[71].

---

71. *Tous les chiens, tous les chats*, *op. cit.*, p. 196.

Après avoir décrit ce « voyage » dans le monde animal, ce voyage dans un monde à la fois « pré-humain », et sur-humain, puisqu'il le qualifie de « nirvâna animal » tel qu'il est expérimenté par les sages orientaux, Lorenz poursuit la description de l'expérience de stupeur animale en mettant en avant l'accompagnement mutuel de l'homme et du chien :

> Naturellement je ne peux pas dire que je réussis toujours mon « voyage » dans ce vert paradis des bonheurs pré-humains, mais j'ai d'autant plus de chances de le réussir que je l'entreprends en compagnie d'un animal qui en sera non seulement le témoin, mais le participant. [...] Nous restons là tout l'après-midi, je me sens plus animal que n'importe quel animal, enfin disons que j'ai réussi à être plus paresseux qu'un chien, aussi paresseux qu'un crocodile paresseux[72].

Avec Uexküll il ne s'agit pas de creuser la trop vieille question de la différence entre l'homme et « l »'animal, mais bien d'entreprendre des excursions à travers les milieux du choucas, de l'oie cendrée, ou du meilleur ami de l'homme, d'explorer leurs relations, leur communication, etc. Avec le chien, de par notre coévolution et donc notre milieu commun, l'excursion naturaliste devient accompagnement mutuel.

2. Le comme, l'en tant que tel, le comme si

Le comportement animal consiste pour Heidegger en un mouvement pulsionnel (*Trieb*) et l'absence d'*en tant que tel* qui en est le corollaire constitue la pauvreté en monde de l'animal :

> L'abeille, par exemple, a sa ruche, elle a les rayons de miel, les fleurs qu'elle butine, les autres abeilles de sa colonie. Le monde des abeilles est limité à un territoire précis, et il est fixement limité à son périmètre.

---

72. *Ibid.*, p. 196 et 206.

> [...] Mais le monde de chaque animal particulier n'est pas seulement limité à son périmètre. Il l'est aussi dans la manière dont l'animal pénètre dans ce qui lui est accessible. L'abeille ouvrière connaît les fleurs qu'elle butine, elle connaît leur couleur et leur odeur. Mais elle ne connaît pas les étamines de ces fleurs *en tant qu*'étamines[73].

Quelles et comment sont ces étamines en tant qu'étamines, ces étamines en tant que tel ? Comment comprendre l'*en tant que tel* propre à l'homme et auquel l'abeille est étrangère, et de quelle faculté de connaître est-il question avec cet *en tant que tel*? Plus généralement, de quelles sortes sont les rapports humains et animaux aux objets, quelle est la manière dont les hommes et les animaux connaissent les objets ? Une confrontation avec le *De l'âme* d'Aristote permet d'éclairer cette différence humaine marquée par l'*en tant que tel.* La pensée théorétique ou intellect spéculatif serait selon Aristote propre à l'homme – exactement comme l'*en tant que tel* à la discursivité humaine pour Heidegger –, l'animal n'étant quant à lui doué que de la perception ou sensation (*aesthesis*)[74]. Affinant la répartition des facultés entre les règnes du vivant, Aristote avance ainsi : « Enfin, certains animaux, et c'est le petit nombre, ont le raisonnement (*logismon*) et la pensée (*dianoian*). [...] Quant à l'intellect spéculatif (*theoreticou nou*), c'est une autre question.[75] » Dans la mesure où, comme dit Heidegger, l'abeille « connaît les fleurs qu'elle butine », et où l'animal, de manière générale perçoit et discrimine, il faut penser l'*aesthesis* aristotélicienne

73. *Concepts fondamentaux de la métaphysique*, *op. cit.*, p. 288.

74. Aristote, *De l'âme*, 413 b 1-10, et 415 a 1 *sq.*

75. *Ibid.*, 415 a 7-13. Aristote accorde néanmoins à l'animal le raisonnement comme faculté de calcul, par opposition à la raison raisonnable, ainsi que la pensée qui est ici à entendre au sens de prévoyance, de projection. Aristote accorde donc à l'animal une forme de *logos*.

comme un rapport cognitif au milieu s'accompagnant d'un raisonnement et d'une pensée indéniables.

À l'instar de l'article « Aristotle's Teleology and Uexküll's Theory of Living Nature » d'Helene Weiss, élève de Heidegger, on pourrait tenter de comparer Uexküll et Heidegger au regard de leur proximité à l'idée aristotélicienne de la nature pré-intentionnelle de la perception[76]. En effet, ce rapport cognitif élémentaire au milieu que Heidegger appelle le cercle pulsionnel reprend exactement la notion uexküllienne des cercles fonctionnels, relatifs à la nourriture et aux proies de l'animal, à ses ennemis, à ses partenaires sexuels. Explicitant ce qu'il faut entendre par le cercle pulsionnel dans lequel l'animal est enfermé, Heidegger écrit : « Dans son monde ambiant, l'animal est, pour la durée de sa vie, enfermé comme dans un tuyau qui ne s'élargit ni ne se resserre.[77] » Comment effectivement ne pas remarquer l'extrême proximité avec ce texte d'Uexküll datant de la même année 1930 : « Le tunnel du milieu, considéré comme unité close, englobe la sphère vitale du sujet.[78] » Pour les deux penseurs, le sujet animal est happé par ses cercles fonctionnels, par exemple par celui de la nourriture.

Mais cette proximité n'est qu'apparente et Heidegger se démarque d'Uexküll en accordant à l'homme la possibilité de considérer une chose *en tant que telle* ; l'homme pourrait ainsi accéder à la chose en sa vérité, ce dont est incapable l'animal. Il est ainsi douteux pour le philosophe que le soleil en tant que tel, en tant que soleil, soit accessible au lézard qui se réchauffe

---

76. H. Weiss, « Aristotle's Teleology and Uexküll's Theory of Living Nature », in *The Classical Quarterly*, Cambrige University Press, 1948, vol. 42, 1/2, p. 44-58. Voir Aristote, *De l'âme*, 432 a 30.

77. *Les concepts fondamentaux de la métaphysique*, *op. cit.*, p. 295.

78. *Die Lebenslehre*, *op. cit.*, p. 148.

sur la pierre[79]. Mais que signifie que le soleil soit donné en tant que soleil ? Existe-t-il un soleil en soi, quelque chose comme l'essence du soleil ? Dans *Qu'est-ce qu'une chose* ? Heidegger compare les soleils du scientifique et du berger pour finalement suggérer que la réponse ne va pas de soi et que le philosophe doit infatigablement continuer de questionner : « Quel est donc maintenant le soleil véritable ? Quelle est la chose qui est le vrai ? Le soleil du berger ou celui de l'astrophysicien ? Ou bien la question est-elle mal posée et, s'il en est ainsi, pourquoi ?[80] » Plus loin dans le même texte, Heidegger prend l'exemple des deux tables d'Eddington pour demander si c'est la table qui appartient au monde quotidien, la table de travail ou la table à manger, ou bien au contraire la table du physicien composée essentiellement de vide et de charges électriques qui est la véritable table. Encore une fois la réponse pointe la nécessité de continuer à questionner. En effet, le questionnement est le mode d'être propre à l'homme ; questionnement de l'être de l'étant, de l'*en tant que tel*, questionnement de l'étamine en tant qu'étamine, du soleil en tant que soleil, ou de la table en tant que table. La table en tant que tel serait donc la table questionnée, la table « en question ». Dans la conclusion des *Excursions* parues un an avant *Qu'est-ce qu'une chose ?*, Uexküll n'accorde lui non plus aucun privilège au soleil de l'astronome et affirme ainsi que le soleil du milieu de l'astronome est aussi subjectif que celui du milieu de la petite fille : « Et cependant, le milieu tout entier n'est qu'une infime partie de la nature, découpée selon les facultés (*Fähigkeiten*) d'un sujet humain.[81] » La *Théorie de la signification* reprendra l'exemple de la « table double » d'Eddington pour conclure que ce qui intéresse

---

79. *Les concepts fondamentaux de la métaphysique*, *op. cit.*, p. 294.
80. M. Heidegger, *Qu'est ce qu'une chose ?*, Paris, Gallimard, 1971, p. 24.
81. *Mondes*, p. 89.

la biologie, c'est de rapporter les choses aux sujets, et qu'en ce sens la table physique, sans être vraie ou fausse, n'a de signification que pour le physicien[82]. Laissons Uexküll répondre à Heidegger lorsque ce dernier demande de façon similaire dans les *Concepts fondamentaux de la métaphysique* si le chien peut considérer une table en tant que table, ou un escalier en tant qu'escalier. Si se comporter envers l'escalier, envisager l'escalier en tant qu'escalier signifie pour Uexküll le considérer en tant qu'il permet de monter à l'étage, alors le chien qui emprunte l'escalier le considère bien en tant qu'escalier. Inversement, Uexküll raconte l'anecdote d'un Noir qui ne considère pas l'échelle en tant qu'échelle : l'échelle n'ayant pas pour lui de tonalité d'ascension, il ne peut tout simplement pas y monter[83].

Alors que Heidegger conçoit la *vérité* comme ce qui est ouvert ou plutôt découvert par le questionnement humain, et lui fait correspondre la particule *als selbst* (en tant que tel), il existe pour Uexküll une infinité de *significations* portées par la particule *als* (comme). Tandis que notre philosophe investit la question de la vérité, notre biologiste développe une théorie de la signification.

Distinguant entre *Gegenstand* et *Objekt*, Uexküll considère que l'animal – au même titre que l'homme – n'a jamais affaire à des « objets comme tels » (*Gegenstand*) peut-on dire avec une résonance heideggérienne, mais toujours à des objets (*Objekt*), qui sont à entendre comme porteurs de signification. Comme il le précise dans la série de propositions biologiques qui clôt la seconde édition de *Umwelt und Innenwelt der Tier*, l'objet consiste pour l'animal d'une part dans les porteurs de caractères actifs et d'autre part dans les porteurs de caractères

82. *Ibid.*, p. 116.
83. *Ibid.*, p. 59.

perceptifs, les deux étant connectés dans une intégration structurale (*Gegengefüge*)[84]. C'est très précisément ce que résume cette formule éclatante d'Uexküll : « Un objet, c'est ce qui se déplace en bloc.[85] » L'objet est donc d'abord mouvement contrairement à l'objet comme tel dont le terme allemand souligne précisément la fixité – Gegen-*stand*. Si l'objet est en mouvement, c'est qu'il est toujours pour un sujet vivant, l'objet comme tel n'étant accessible, comme nous le verrons, que par une mise entre parenthèses de la subjectivité de l'observateur. Ce mouvement est par ailleurs celui d'un bloc. « En bloc », c'est-à-dire dans une connexion structurale, ou construction intégrative, *Gegengefüge*, l'objet consistant en l'intégration du mouvement et de la perception.

Le début de la *Théorie de la signification* définit précisément l'objet comme tel (*Gegenstand*), comme une chose sans rapport à un sujet, le « porteur de signification » étant au contraire une chose en rapport avec un sujet. Alors que le biologiste, l'observateur connaît des objets comme tels, le sujet vivant est en rapport avec des porteurs de signification :

> La pierre qui repose comme un objet neutre [*beziehungsloser Gegenstand*, littéralement, objet dénué de toute relation] dans la main de l'observateur, devient un porteur de signification dès qu'elle est mise en relation avec un sujet. Étant donné qu'un animal n'a jamais le rôle d'observateur, on peut affirmer qu'un animal n'entre jamais en rapport avec un « objet ». Ce n'est qu'à travers un rapport que l'objet se change en un porteur de signification, signification qui lui est conférée par le sujet[86].

84. *Umwelt und Innenwelt der Tiere*, *op. cit.*, p. 218.

85. Citation rapportée par K. Lorenz dans *Les oies cendrées* (Paris, Albin Michel, 1989, p. 97).

86. *Mondes*, p. 94-95.

En reprenant l'exemple privilégié du chêne, il nous faut distinguer entre le chêne en tant que support de tous les milieux d'une part et le chêne en tant qu'objet (*Gegenstand*) d'autre part, le premier étant le chêne sous tous ses rapports, et le second le chêne sous aucun rapport. Le premier chêne est un élément des milieux d'une infinité de sujets, il porte une infinité de significations, c'est un « chaos » dit encore Uexküll[87], mais il devient problématique de parler encore de chêne dans la mesure où un chaos n'est absolument rien d'étant. Le chêne comme objet (*Gegenstand*) serait quant à lui une chose sans tonalité, sans style, un objet *absolument* neutre dans lequel aucune signification ne serait projetée. Mais une telle neutralité est-elle possible ? Pour Uexküll, l'objet comme tel (*Gegenstand*) est donc une chose sans rapport avec un sujet, et face à laquelle l'observateur est dans une tonalité absolument neutre. En fait, c'est par sa neutralité que la tonalité neutralise le monde de l'action (*Wirkwelt*) de l'observateur – l'observateur se démarquant alors de l'expérimentateur qui possède, lui, un monde de l'action. Pour neutraliser son monde de l'action, l'observateur doit mettre sa subjectivité entre parenthèses et décomposer ses rapports actifs à la chose, pour ne conserver qu'un monde de la perception. On pourrait alors dire que l'observateur déconstruit sa connexion structurale, ou qu'il désintègre sa construction intégrative (*Gegengefüge*), et du même coup, son cercle fonctionnel. L'objet comme tel (*Gegenstand*) est donc précisément une chose sans rapport actif.

Mais dans le passage précédemment cité, Uexküll écrit néanmoins : « La pierre qui repose *comme* (*als*) un objet neutre. » Quel est le sens de ce *comme* ? Une fois dans ma main, je peux faire *comme si* la pierre n'était ni un projectile possible, ni un matériau pour construire la chaussée, etc., alors que la main

---

87. *Mondes*, p. 88.

implique toujours une action potentielle. En faisant *comme si*, je peux entrer en scène en tant qu'observateur (*als Beobachter auftreten*[88]), je peux jouer le *rôle* d'observateur. Lorsqu'il affirme qu'« un animal n'entre jamais en rapport avec un "objet" », il faudrait ajouter que la plupart des hommes non plus, et que nous avons pour ainsi dire toujours affaire à des porteurs de signification. Même lorsque l'observateur semble appréhender un objet comme tel, c'est toujours de manière simulée, en faisant *comme si* c'était un objet absolument neutre. En ce sens, même l'astrophysicien ou le physicien « quantique » qui ne se situent *a priori* plus dans le monde sensible ont affaire à des porteurs de signification perceptifs et actifs : ils pourront visualiser, par exemple par le principe d'incertitude d'Heisenberg, la position d'un électron, et ils pourront encore, par la technique, bombarder un neutron – l'observateur est toujours en même temps expérimentateur. L'observateur « joue » avec la signification, faisant *comme si* l'objet en était dépourvu. C'est avec ce *comme si* qu'Uexküll retrouve à sa manière la possibilité d'une structure cognitive propre à l'homme, car l'animal ne peut pas faire *comme si* la chose avec laquelle il est en relation était neutre.

Uexküll comme Heidegger distinguent donc deux *als*. D'une part ils pensent tous deux un *als* « banal », qui serait le *comme* français : je vois la pierre comme projectile, comme pavé, etc. Pour Uexküll, ce *comme* porte la signification, il est la structure cognitive vitale commune à tous les organismes, et il demeure au centre de sa théorie de la signification. D'autre part, ils pensent tous deux un *als* d'un autre ordre, un *als* propre au philosophe ou à l'observateur. Le *als* de Heidegger, celui du philosophe, est un *als selbst*, un *en tant que tel* qui n'a de sens

---

88. *Streifzüge durch die Umwelten von Tieren und Menschen*, *op. cit.*, p. 106 ; *Mondes* p. 94.

que dans un questionnement ontologique ; le *als* d'Uexküll, propre à l'observateur, est quant à lui un *als ob*, un *comme si* d'ordre épistémologique. Si l'on admet que tout animal construit son milieu, le propre de l'homme serait peut-être aux yeux d'Uexküll sa capacité à déconstruire son milieu – du moins à faire comme si, en jouant le rôle de l'observateur –, c'est-à-dire sa capacité à décomposer ses cercles fonctionnels. L'homme peut jouer avec les significations.

Prolongeons finalement les thèses principales, les intuitions les plus fortes d'Uexküll, et cela peut-être malgré lui ; tentons de « le comprendre mieux qu'il ne s'est compris lui-même » pourrait-on dire en reprenant une célèbre formule kantienne, en pensant avec Lorenz l'existence d'un *comme si* animal, c'est-à-dire d'un jeu de l'animal avec les significations :

> Chacun des deux bébés chats se comporte plutôt comme si l'autre était un chien. Le jeu continue pourtant dans la meilleure tradition des combats de chats. [...] La spécificité du jeu, c'est qu'à travers lui une conduite précise est expérimentée sans *l'état émotionnel correspondant.* Si bien que tout jeu relève du théâtre, puisqu'en lui le joueur simule la présence d'une émotion qu'il ne ressent pas. [...] Les simulacres de combat sont exécutés sans colère, les simulacres de fuite sans peur, et les simulacres de chasse sans faim ni rapacité[89].

L'inhibition sociale qui interdit la vraie morsure ou le coup de griffe en profondeur permet à l'animal de jouer avec les significations et de faire *comme si* son partenaire de jeu était son ennemi.

89. *Tous les chiens, tous les chats*, *op. cit.*, p. 213-214.

3. Tonalités et tonalité fondamentale

Le « style des choses » dépend entièrement de la disposition du sujet, disposition qu'il faut comprendre par la notion d'humeur au sens que lui donne Hippocrate. Le milieu est en ce sens une projection des humeurs, une interprétation du monde en fonction des humeurs du sujet. Si cette humeur est d'abord celle du sujet en sa globalité – l'humeur de l'homme face au pavé, l'humeur du bernard-l'hermite face à l'anémone de mer – elle renvoie encore aux « tonalités d'organe ». Alors qu'Hippocrate considère les humeurs à la fois au niveau global de l'être vivant, et au niveau de ses organes – il faut se rappeler que l'humeur mélancolique correspond à un excès de bile noire dans la rate –, Uexküll va jusqu'à considérer, en descendant de manière leibnizienne dans les différents niveaux d'organisation du corps, les tonalités des cellules mêmes. En partant des expériences de Spemann de greffes sur des embryons, Uexküll montre que les tonalités d'organe régissent elles-mêmes les tonalités individuelles des cellules de l'organe[90]. De même que les trois mouvements d'une composition musicale – *largo*, *adagio*, *moderato* – correspondent à trois caractères – *amaroso*, *con moto*, *cantabile* –, la « mélodie de croissance » en trois temps – *morula*, *blastula*, *gastrula* – dirige les tonalités individuelles de l'embryogenèse – premières segmentations cellulaires, différenciation binaire simple externe-interne, morphogénèse et mise en place du plan d'organisation : « La biologie part du fait de la croissance embryonnaire selon un plan donné, processus qui commence chez tous les animaux pluricellulaires par les trois temps d'une mélodie simple : *morula*, *blastula*, *gastrula*.[91] » En jouant sur les tonalités et en les faisant varier, les expériences de greffes opérées dans la région buccale de têtards et de larves de tritons

---

90. *Mondes*, p. 113.
91. *Ibid.*, p. 117. Voir aussi p. 108.

mettent en évidence que l'ordre de signifier de l'organe dépend du lieu et du moment où il est greffé, et que l'ordre de prendre signification vient avant l'ordre de prendre forme.

> N'oublions pas que le tissu cellulaire implanté représente un carillon de cloches vivantes dont les sonorités individuelles avaient été préalablement réglées sur la mélodie « bouche de végétarien », lorsqu'ils reçurent l'ordre de signifier « gueule ». Nous voyons donc que l'ordre de prendre signification et l'ordre de prendre forme ne sont pas identiques. [...] La greffe suit l'ordre de signification de son hôte même lorsqu'elle se trouvait à une autre place dans son organisme d'origine, place où elle aurait reçu un autre ordre de signification. Ensuite elle obéit à sa propre mélodie de configuration, Ainsi la greffe devient bien orifice buccal, mais bouche de têtard et non gueule de triton[92].

Les tonalités traversent donc chez Uexküll tous les niveaux du vivant et se retrouvent à l'échelle non seulement des organes, mais également à celle des sujets animal et humain. Dans *Niegeschaute Welten*, sous-titré « les milieux de mes amis », Uexküll décrit la façon dont les hommes ont une vision propre, subjective du monde, qui dépend de leurs habitudes, de leur éducation, ainsi que la diversité des manières dont ils voient un même objet : la forêt sera vue rationnellement par le bûcheron, comme un ensemble de territoires par le chasseur, et le poète la considérera comme « le plus beau séjour des hommes[93] ». En pensant de la même manière les niveaux organiques et subjectifs, on pourrait décrire le changement de milieu social des personnages de *À la recherche du temps perdu* en termes de greffes, d'hôtes, de significations, et penser biologiquement la manière dont les personnages s'intègrent par greffe dans les milieux

---

92. *Ibid.*, p. 110.
93. *Ibid.*, p. 97.

de la noblesse, de la bourgeoisie, dans le milieu artistique, etc. Ainsi, de même qu'Uexküll qualifie les greffes buccales chez le triton de malformations – « un carnivore pourvu d'une bouche de végétarien est un monstre[94] » –, on pourrait de même parler de la « monstruosité » du snobisme de Madame Verdurin, de ses gaffes, de ses erreurs d'interprétation qui correspondent exactement à ce qu'Uexküll appelle le « désaccord entre l'ordre général de prendre signification et de l'ordre particulier de prendre forme[95] ». Ce n'est pas un hasard si Madame Verdurin ira jusqu'à se décrocher la mâchoire pour avoir trop ri : la greffe sur la noblesse n'ayant pas fonctionnée, la forme du rire étant en désaccord avec la situation, alors que Swann qui a de son côté l'habitude de « s'improviser une situation dans tel petit trou de province ou tel milieu obscur à Paris », parvient dans *Un amour de Swann* à se greffer au « petit noyau » des Verdurins[96]. On pourrait donc inversement parler des greffes de gueule en termes proustien.

La différence majeure précédemment mise en évidence entre Uexküll et Heidegger se retrouve également à ce niveau tonal. Si tous les deux s'accordent pour penser les êtres vivants en termes de tonalité, de disposition affective (*Stimmung*), le vivant est pour Uexküll de part en part et jusque dans ses cellules transi d'une infinité de tonalités, alors qu'Heidegger pointe quant à lui l'existence en l'homme de tonalités fondamentales (*Grundstimmungen*) telles que l'angoisse, la joie, ou l'ennui – des tonalités reposant sur la temporalité propre au *Dasein*[97]. Le sous-titre des *Concepts fondamentaux de la métaphysique* est « Monde,

94. *Ibid.*, p. 110.

95. *Ibid.*, p. 111.

96. Marcel Proust, *Un amour de Swann*, Paris, Hatier, 2006, p. 11.

97. *Les concepts fondamentaux de la métaphysique*, *op. cit.*, p. 260. Il serait intéressant de voir comment Patočka prolonge la réflexion heideggérienne sur la temporalité en pensant l'existence chez l'animal d'un pur présent. Voir les *Papiers*

finitude, solitude », et c'est effectivement de la question de la finitude humaine et animale dont il est question, de la finitude d'un être temporel. La pauvreté du rapport de l'animal au monde serait-elle donc privation de tonalité fondamentale, privation d'une temporalité particulière ? Mais l'animal ne peut-il pas s'ennuyer, ne peut-il pas faire l'expérience de l'angoisse ? Cette question ne se retrouve pas chez Uexküll qui ne parle ni d'angoisse ni d'ennui, ce qui laisse penser que s'il existe bien une tonalité propre à l'homme, c'est pour lui, comme on l'a vu, la tonalité de neutralité propre à l'observateur. On peut néanmoins refuser avec Goldstein et de manière uexküllienne le privilège de tonalités fondamentales chez l'homme. En effet les animaux en captivité, dans les zoos notamment, ne sont plus pris dans leurs nécessités vitales, ils ne doivent plus chasser, se protéger, construire leur habitat, un terrier ou un nid, etc., et l'on peut ainsi observer des comportements manifestant l'ennui ou l'angoisse. Ainsi, dans le chapitre « Le phénomène de l'angoisse » de *La structure de l'organisme*, et prenant en compte les descriptions et analyses existentiales de Pascal, de Kierkegaard et bien sûr de Heidegger, Goldstein procède non seulement à une analyse détaillée de l'angoisse chez l'homme qui se manifeste par les modifications corporelles expressives et physiologiques qui entrent « dans l'examen du phénomène de l'angoisse[98] », mais il considère encore la possibilité chez l'animal d'éprouver cet affect :

> Les animaux éprouvent l'angoisse : là-dessus tous les observateurs sont à peu près d'accord. Ce qu'ils en disent ne présente aucune difficulté dans notre conception. Si l'animal est mis dans un milieu où il lui est

---

phénoménologiques (p. 100) et le *Monde naturel comme problème philosophique* (p. 84) sur la structure temporelle *pauvre* de l'animal.

98. *La structure de l'organisme*, *op. cit.*, p. 247.

> impossible de réagir d'une façon ordonnée, nous voyons, par exemple, lorsqu'un animal en liberté est mis en captivité, [...] apparaître l'angoisse de la même manière qu'elle apparaît chez l'homme souffrant d'une lésion cérébrale[99].

Consacrant un chapitre à la disposition affective (*Stimmung*) dans *Psychologie comparée*, et un autre dans *L'homme et l'animal*, Buytendijk écrit en se référant de manière directe à Heidegger :

> Le concept de disposition affective nous est familier dans notre expérience humaine. [...] La variété des dispositions correspond à une variété d'états, à des modifications de la manière d'être des choses, d'autrui et de notre propre personne physique dans ce que nous ressentons. [...] La disposition affective est une *manière d'être*. [...] Mais dans notre recherche d'une nouvelle image de ce qu'est un organisme, dit Portmann, nous sentons de plus en plus que, pour interpréter l'être vivant, nous devons imaginer chez l'animal au centre de l'expérience vécue, une vie intérieure croissante avec la différenciation des espèces[100].

Il faudrait donc avec Goldstein, Buytendijk et Adolf Portmann qui consacre un chapitre à la *Stimmung* dans *Das Tier als soziales Wesen* et qui préface une édition allemande des *Excursions*[101], faire preuve à la fois de prudence dans l'attribution aux animaux d'expériences proprement humaines, tout en ne privant pas les animaux des tonalités attribuées classiquement aux hommes, ce qui est possible en les définissant précisément par des comportements objectifs, ce que fait Goldstein avec l'angoisse.

---

99. *Ibid.*, p. 256.
100. *L'homme et l'animal, op. cit.*, p. 40-43, nous soulignons.
101. *Streifzüge durch die Umwelten von Tieren und Menschen, op. cit.*

Un mot de Lorenz permet finalement de nuancer le rapport du naturaliste à son « objet » d'étude, rapport que nous avons décrit comme étant caractérisé par une tonalité absolument neutre : « Ce petit livre dédié à tous ceux qui sont capables d'aimer et de comprendre tous les chiens, tous les chats. » En effet pour comprendre, le biologiste doit aimer, si bien que la neutralité du rapport du zoologiste à l'animal ou du botaniste au végétal doit toujours être sous-tendue par un rapport amoureux, par une « affinité élective » pourrait-on dire, entre l'observateur et son sujet d'étude. Ce rapport se manifeste de manière insigne par l'écriture d'Uexküll et ses descriptions poétiques qui traversent de nombreuses pages, comme au début du chapitre « Ajustement » de la *Doctrine de la vie* :

> Comme une goutte de rosée scintillante qui reflète en elle un monde, notre Umwelt se tient dans le tout infini. Deux questions nous animent lorsque nous contemplons cette aimable et harmonieuse oasis close sur elle-même qui affirme son existence au cœur des forces naturelles incommensurables et complètement dénuées de plan. Comment se fait-il que l'oasis reconduise les actions des forces de la nature à la mesure qui lui convient ? Et comment est-il possible qu'elle transforme la mécanique céleste constituée de quantités dénuées de sens, et à laquelle appartient aussi notre terre, en un jardin coloré et parfumé dans lequel toutes les qualités imaginables s'entremêlent de manière significative[102].

En témoigne encore le souci d'Uexküll pour la condition des animaux dans les zoos et sa proposition faite à Hediger, alors directeur du zoo de Berne, de réadapter les infrastructures en tenant justement compte des milieux des animaux. Uexküll considère finalement dans *Das Sinn des Leben* la tonalité

---

102. *Die Lebenslehre, op. cit.*, p. 144.

d'un organe absolument singulier, un organe non physiologique, « en deçà » de l'organisme : la sensibilité.

> La sensibilité du chercheur en sciences naturelles, cet organe dont ne peut se passer aucun biologiste qui veut pénétrer la vie elle-même et qui ne se contente donc pas de décomposer des formes vivantes en parties mortes, pour ensuite les assembler par le simple « entendement » au moyen de la cause et de l'effet – de cet organe Müller était doué d'une manière unique[103].

Quelle résonance avec l'idée de Weizsäcker selon laquelle le biologiste, *contrairement au physicien*, doit « prendre part à la vie[104] » ! En effet, sans tonalité amoureuse, sans affinité élective, sans corps à corps avec le vivant, l'observation du naturaliste demeure impossible comme l'explicite encore Uexküll dans ce passage où il applique à lui-même sa propre théorie de la composition, que nous allons étudier plus en avant dans le prochain chapitre :

> Mais je pourrais affirmer que la nature entière participe comme motif à la formation de ma personnalité physique et spirituelle, car si tel n'était le cas, je n'aurais pas d'organes pour connaître la nature. Je puis exprimer cette proposition plus modestement et dire : je ne participe à la nature qu'autant que celle-ci m'a fait entrer dans une de ses compositions[105].

---

103. *Der Sinn des Leben*, *op. cit.*, p. 54.

104. « Selon le postulat de la physique son objet existerait même sans le moi, tandis que l'objet de la biologie n'est concevable que dans un corps-à-corps avec nous ; on ne peut postuler qu'il ait une existence indépendante. En physique, la connaissance se laisse déterminer par son objet et le suit. Le biologiste, lui, doit se projeter dans son objet, et l'éprouver dans sa propre vie. Pour connaître le vivant il nous faut prendre part à la vie. » *Le cycle de la structure*, *op. cit.*, p. 205.

105. *Mondes*, p. 162.

Ce « corps à corps », cette coappartenance entre la nature et le naturaliste est une sorte d'ébat amoureux, un débat vivant et conscient : « Les milieux, complexes comme les animaux eux-mêmes, offrent à tout ami de la nature de nouveaux pays d'une telle richesse et d'une telle beauté qu'il vaut la peine d'y faire une incursion, même si cette richesse et cette beauté ne se révèlent pas à nos yeux charnels mais aux seuls yeux de notre esprit.[106] » L'exploration de la nature, l'excursion dans les milieux animaux n'est donc possible qu'à travers cet état amoureux, cette « amitié ».

---

106. *Ibid.*, p. 15.

III

Les compositions naturelles : du corps à l'habitat

I. UNE « PHÉNOLOGIE » DU COMPORTEMENT

1. Les performances du corps sans organe

Que l'on pense en termes de tonalité, de perception, ou de signification, il faut considérer comme invite à le faire Uexküll le sujet vivant comme sujet *en rapport*, ce que nous allons faire en tentant une seconde lecture, cette fois non métaphysique, de Heidegger. L'animal n'est pas purement et simplement sans monde comme la pierre, et le toucher de la pierre sur le sol n'est pas, pour Heidegger, le même toucher que le tâter du lézard : « Son rapport [du lézard] au soleil et à la chaleur est autre que le rapport de la pierre qui se trouve être là et est chauffée au soleil.[1] » Questionnant la différence entre le genre d'être de l'animal et le genre d'être d'une chose matérielle à travers le rapport singulier du lézard au soleil, Heidegger demande : « À quoi se rapporte-t-il, et comment se tient-il en relation avec ce qu'il cherche comme nourriture, avec ce qu'il trouve comme proie, avec ce qu'il chasse comme ennemi ? » Comme nous l'avons vu, la thèse de l'animal pauvre en monde est d'abord une thèse essentialiste, mais il semble néanmoins possible de penser paradoxalement les rapports du lézard à sa nourriture ou à la pierre non essentiellement, mais « puissamment ». Peut-être

1. *Les concepts fondamentaux de la métaphysique*, *op. cit.*, p. 294.

sous l'influence d'Uexküll qui envisage les capacités du corps (il emploie notamment *Vermögen*) et en contradiction avec la thèse principale des *Concepts fondamentaux de la métaphysique*, Heidegger envisage le sujet comme puissance, comme pouvoir (*Können*) : « L'animal peut-il voir parce qu'il a des yeux, ou bien a-t-il des yeux parce qu'il peut voir ? Pour quelles raisons l'animal a-t-il des yeux ? Pourquoi peut-il avoir pareille chose ? Seulement parce qu'il peut voir.[2] » Heidegger distingue alors entre deux genres de pouvoirs : la prestation (*Fertigkeit*) et l'aptitude ou capacité (*Fähigkeit*), la prestation caractérisant l'utile (le porte-plume par exemple), et l'aptitude caractérisant l'organe (l'œil). Uexküll distingue de son côté la simple capacité (*Fähigkeit*) de la capacité supra-machinique (*übermaschinelle Fähigkeit*). De même que Heidegger reconduit l'organe à son aptitude, les organes sensoriels sont pour Uexküll dirigés par leurs tonalités, et ils expriment les capacités de l'organisme : « Nous verrons plus tard que la durée du moment change chez différents animaux, mais quelque chiffre que nous voulions admettre pour la tique, la *capacité* de supporter un milieu inchangé pendant dix-huit ans est hors du domaine des *possibilités*[3] » de l'homme. Ainsi la tique n'a la *capacité* d'être affectée que par trois signaux seulement et successivement (olfactif, tactile, calorique), l'abeille étant quant à elle *capable* de distinguer entre deux formes, et le ver de discriminer entre la base et la pointe de la feuille. Chez nos deux penseurs, l'animal envisagé par le prisme de ses capacités conduit à le penser selon sa puissance. Mais que signifie penser l'animal selon ses capacités, selon sa puissance ? Souvenons-nous que la prise en compte du corps

2. *Ibid.*, p. 321. Cf aussi p. 324-325 : « La possibilité de voir est elle-même la condition de possibilité de l'œil en tant qu'organe. »

3. *Mondes*, p. 27 (nous soulignons).

constitue précisément une des deux directions dans lesquelles Uexküll entreprend de prolonger la doctrine kantienne.

Les capacités, la puissance d'un organisme correspondent aux actions dont son corps est capable. Abordant dans ses cours de Vincennes de 1981 ce qu'il nomme des « problèmes de vitalité » et définissant dans un sens explicitement uexküllien le corps par l'action dont il est capable, Deleuze demande « Où s'arrête l'action ? », l'action d'une graine ou celle d'une forêt par exemple[4]. Une graine de tournesol perdue dans un mur est capable de faire sauter ce mur et sa limite n'est donc ni sa forme, ni son contour ou sa figure, mais son action. De même, la lisière de la forêt n'est pas une forme, une figure précise et bien délimitée, mais le moment où elle arrive à la limite de sa puissance, à la limite de son action : elle ne peut pas aller au-delà sur le champ ou le pré, elle n'a pas la puissance de faire pousser des arbres plus loin. « C'est une limite dynamique qui s'oppose à la limite contour » écrit Deleuze. C'est une limite de puissance qui s'oppose à la limite d'essence pourrait écrire Uexküll. C'est exactement ce que nous apprend Cézanne par sa pomme qui « finit par se gonfler, par éclater hors des limites que le sage dessin lui imposait[5] » : son action dépasse sa forme, sa puissance excède son essence abstraite. Le corps de la pomme qui s'étend dans le vase en porcelaine, dans l'intérieur bourgeois,... fait imploser l'idée de la pomme. Penser l'animal selon sa puissance, sa capacité, c'est donc le penser corporellement, selon ses actions et ses « performances » (*Leistung*), pour reprendre un concept uexküllien majeur que nous allons à présent expliciter.

Le concept absolument fondamental de performance (*Leistung*) ne correspond pas uniquement au monde de l'action (*Wirk*-welt)

4. Cours du 17/02/1981, en ligne sur www.webdeleuze.com.

5. Merleau-Ponty, *Causeries, op. cit.*, p. 19.

mais englobe avec lui le monde de la perception (*Merkt*-welt), et les premiers pages des *Excursions* établissent en effet que mondes perceptif et actif forment ensemble un cercle fonctionnel en se liant dans une connexion structurale (*Gegen-leistung*). Les performances d'un être vivant se situent donc en deçà des organes, et on peut rétrospectivement les éclairer par le concept deleuzien de *corps sans organe*. Un *corps sans organe* se définit par ce qu'il *peut*, c'est-à-dire à la fois par ce qui est susceptible de l'affecter, et par ses actions, par les rapports qu'il est capable de composer[6]. *Corps sans organe*, c'est-à-dire d'abord le corps en deçà de l'organisme, le corps au niveau mélodique – même lorsqu'Uexküll parle des organes, c'est toujours de leurs tonalités dont il est question : « La structure corporelle n'existe jamais depuis le début, mais tout l'organisme commence comme une cloche cellulaire unique qui se divise pour former un carillon selon une certaine mélodie de développement.[7] » De la même manière que Merleau-Ponty invite à penser l'étoile de mer ou le ver marin comme des « animaux collectifs », on ne peut pas penser l'oursin comme un organisme mais comme « république réflexe », l'unité de ces animaux n'étant pas organique, par exemple nerveuse, mais corporelle. En est-il autrement pour l'anémone de mer qui possède trois systèmes nerveux séparés et donc trois milieux distincts, et pour l'abeille qui, en fonction de la sollicitation de la société, évolue de nourricière à butineuse,

6. En posant que l'animal a des yeux parce qu'il *peut* voir, Heidegger va *pratiquement* dans la direction d'un *corps sans organe*. Lorsqu'il dit que ce n'est pas l'organisme qui est la cause de la pauvreté en monde de l'animal, mais au contraire la pauvreté en monde de l'animal qui conditionne son organisme, il fait dépendre le biologique de l'existential. Voir ente autre *Les concepts fondamentaux de la métaphysique*, *op. cit.*, p. 332. Ce concept de corps sans organe est présent dans de nombreux textes de Deleuze. Voir par exemple Deleuze-Guattari, *Mille plateaux*, Paris, Minuit, 1980, p. 186 *sq*.

7. *Mondes*, p. 167.

puis de butineuse à éclaireuse, en transformant à la fois son corps et ses performances ? C'est encore comme *corps sans organe* qu'il faut penser le myxomycète qui est un animal au début de sa vie, puis une plante dans sa deuxième partie[8]. Dans tous ces exemples, l'unité de l'être vivant ne se situe pas au niveau de l'organisme, du système nerveux, ni même au niveau du milieu, mais au niveau du corps et donc du plan de performance. Car comme on l'a vu, le concept cardinal de conformité au plan (*Planmäßigkeit*) est intrinsèquement lié à celui de plan de construction (*Bauplan*), et comme le suggère Uexküll dans la troisième partie de la *Doctrine de la vie* intitulée « La performance des êtres vivants », ce dernier est fondamentalement un plan de performance (*Leistungplan*) : « On peut ainsi qualifier les plans de construction de plans de performance.[9] » *Entre* le corps et le milieu, il y a l'« agencement de performances » (*Leistungengefüge*) impliqué par le plan de l'animal, c'est-à-dire par son génotype et donc son phénotype.

En interprétant l'être vivant comme un corps qui rayonne de sa puissance sur son milieu, Uexküll pense donc le corps dans ses actions, dans ses « performances », c'est-à-dire ce qu'il peut, les rapports qu'il est capable de composer et ce qui est susceptible de l'affecter. En tirant les conséquences d'une telle intuition spinoziste, Deleuze écrit :

> En ce sens, il y a plus de différences entre un cheval de course et un cheval de labour qu'entre un cheval de labour et un bœuf. Un lointain successeur de Spinoza dira : voyez la Tique, admirez cette bête, elle se définit

8. *Ibid.*, p. 105.
9. *Die Lebenslehre, op. cit.*, p. 26. Voir dans le même sens p. 42 et 128. Il faut encore distinguer le plan de performance du plan de formation (*Gestaltungplan*) qui lui est intimement lié mais qui en dépend néanmoins, comme *mutatis mutandis* l'organe dépend de la fonction.

> par trois affects, c'est tout ce sont elle est capable en fonction des rapports dont elle est composée[10].

Et Deleuze de souligner avec justesse que les biologistes du XVIIe siècle comme Maria Sibylla Merian, Linné puis Buffon classaient ainsi les animaux dans des bestiaires non morphologiquement, phylogénétiquement, mais selon leurs capacités, selon leurs performances : tel animal peut voler, tel animal peut se métamorphoser, tel autre peut rester deux heures sous l'eau en apnée, etc. Ainsi Buffon discute-t-il rétrospectivement l'hypothèse de Merian selon laquelle la mygale possède la capacité de manger des colibris – le nom allemand de mygale *Vogelspinne*, littéralement oiseau-araignée, et l'origine de ce débat ayant pour origine la planche XVIII de la *Metamorphosis Insectorum Surinamensium* de Merian. Ce qu'il fera également au sujet de la métamorphose de la grenouille jackie (*Rana paradoxa*) : « Cette grosseur extraordinaire des têtards de ces deux batraciens a induit en erreur quelques auteurs anciens, entre autres Séba et Mademoiselle Merian. Ils ont cru, mais à tort, que la grenouille jackie se métamorphose en poisson et non en grenouille.[11] » Le biologiste français emploie pour la classification de son *Histoire naturelle* les catégories de domestique et de sauvage, d'utile et de nuisible, catégories qui ne s'appliquent pas aux animaux « en eux-mêmes », pris isolément, mais considérés ici dans leur relation à l'homme. Uexküll est un successeur d'une telle biologie. La biologie étudie donc ce dont est capable un animal, c'est-à-dire les limites de ses actions, limite de vie de 18 ans pour la tique. Penser l'animal corporellement, le penser comme un *corps sans organe*, c'est le penser comme un faisceau de performances,

---

10. G. Deleuze et Cl. Parnet, *Dialogues*, Paris, Flammarion, 1996, p. 74.

11. G.-L. L. Buffon, *Histoire naturelle générale et particulière des reptiles*, Paris, Imprimerie de F. Dufart, 1799, p. 242.

comme un agencement de performances (*Leistungengefüge*) pourrait-on dire. De ce point de vue, il faut considérer la métamorphose comme une performance toute particulière puisqu'elle est la transformation même du corps, donc des performances et du milieu – et l'intérêt d'Uexküll pour la métamorphose est remarquable, notamment dans *Der Sinn des Lebens* où il lui consacre de très nombreuses pages. De la larve au papillon, en passant par le cocon et la fève, le corps de l'animal se métamorphose en exprimant à chaque fois ses performances.

Il faut dès lors réviser l'image du milieu comme monade-maison, l'image de la monade leibnizienne « sans porte ni fenêtre » qui suppose une clôture absolue de la monade sur elle-même – ce que ne manque pas de faire Uexküll. D'une part, on peut lire dans la conclusion de la *Théorie de la signification* : « Chaque maison possède un certain nombre de fenêtres qui donnent sur le jardin ; une pour la lumière, une pour les sons, une pour les odeurs, une pour le goût et un grand nombre pour le toucher. » De manière plus générale on pourrait dire qu'il existe une porte ou une fenêtre pour chaque cercle fonctionnel. D'autre part, c'est plus ce qui se passe entre les monades, leurs relations de voisinage, de cohabitation qui intéresse Uexküll que les monades elles-mêmes, c'est plus la *toile* de l'araignée qui l'intéresse que l'araignée ou la mouche elles-mêmes. En fait, cette relativité de la clôture des monades en elles-mêmes indique le caractère à la fois intersubjectif et interspécifique de ces monades : « *Tout sujet tisse ses relations comme autant de fils d'araignée avec certaines caractéristiques des choses et les entrelace pour faire un réseau qui porte son existence.*[12] » Mettant en évidence le caractère essentiellement relationnel et non substantiel de la subjectivité – l'être de l'animal comme de l'homme n'est

12. *Mondes*, p. 29.

donc pas subjectif au sens kantien du terme. Le biologiste établit que le corps vivant n'a pas des relations, mais *est* ses relations. L'être vivant est un faisceau de performances dont l'existence est portée par le tissu des rapports qu'il compose.

Il devient évident que l'observateur fait bien *comme si* aucun rapport ne s'établissait entre lui et son objet d'étude. Si aux yeux d'Uexküll « ce n'est qu'à travers un rapport que l'objet se change en porteur de signification[13] », alors connaître un objet (*Gegenstand*) signifie mettre son *existence*, son être entre parenthèses – ce qui ne peut être que joué, simulé :

> Aussitôt que nous entrons nous-mêmes dans cette bulle, l'entourage qui s'étendait jusque-là autour du sujet se transforme complètement. De nombreux caractères de la prairie multicolore disparaissent, d'autres se détachent de l'ensemble, de nouveaux rapports se créent[14].

Comme il le suggère ici, pénétrer le milieu de l'animal suppose de mettre entre parenthèses ses propres rapports pour en créer de nouveaux, pour emprunter ceux de l'animal. Mais un rapport demeure néanmoins inchangé, c'est celui de l'observateur à l'animal lui-même, si bien que la biologie n'est concevable que dans un *corps-à-corps* entre l'observateur et son objet d'étude, l'animal.

2. Le comportement

Bien que le comportement ne soit pas un concept majeur chez Uexküll, on pourrait le définir comme la réalisation *effective* des performances de l'animal, comme les rapports que le sujet vivant crée à un moment et dans une situation donnés, et il occupe à ce titre une place centrale. Georg Kriszat, avec lequel

---

13. *Ibid.*, p. 95.
14. *Ibid.*, p. 15.

il publie les *Excursions*, souligne ainsi que la recherche sur le milieu (*Umweltforschung*) ne consiste pas seulement en une recherche en physiologie, mais également en une psychologie animale – ce que nous avons déjà mis en avant – et en une recherche comportementale (*Verhaltenforschung*)[15]. De son côté, Portmann montre dans la préface de 1956 à l'édition allemande des *Excursions* que les travaux d'Uexküll ont conduit aux recherches comportementales, notamment celles de Hediger ou de Lorenz qui met en évidence dans le sillage de son homologue balte l'existence et la nature des schèmes comportementaux animaux.

Qualifions donc avec Plessner le travail d'Uexküll de « phénologie du comportement vivant » :

> Le milieu – c'est-à-dire la forme toujours différente de l'unité des moments qui peuvent agir et agissent sur elle – voilà le programme scientifique de la « psychologie animale ». Non pas une crypto-psychologie, mais une phénologie du comportement vivant : l'explication de l'attitude visible de l'animal à partir de facteurs perceptibles par les sens[16].

C'est précisément en s'opposant à la psychologie classique qui investit le champ du monde psychique intérieur de l'animal, c'est-à-dire à ce que Plessner nomme « crypto-psychologie », qu'Uexküll étudie le comportement par une observation des changements corporels objectifs. Goldstein ne fait rien d'autre lorsqu'il analyse et décrit le phénomène de l'angoisse dans *La structure de l'organisme*. La phénologie du comportement est ainsi l'étude du corps visible de l'animal : les gestes, les formes et postures, les chants ou cris de l'animal, ses expressions,

---

15. *Streifzüge durch die Umwelten von Tieren und Menschen*, *op. cit.*, p. 168.

16. *Die Stufen des Organischen und der Mensch*, *op. cit.*, p. 63. Il faut ici entendre les termes de forme et de moment musicalement.

ses déplacements, etc. Et comme le précise Buytendijk, il faut considérer le comportement de l'animal « comme des actes s'adressant à *un certain milieu*, présent ou virtuel[17] ». En étudiant le *corps* de l'animal dans le rapport qu'il entretient avec son milieu, la phénologie du comportement répond à l'exigence posée par la psychologie des milieux, et si Buytendijk précise que ce milieu peut être virtuel, c'est qu'il a en tête les exemples uexkülliens des mondes magiques de la petite fille et de la poule : « Il n'est donc pas absurde de supposer que quand une poule se précipite sur un poussin en train de pépier et donne des coups de bec à un ennemi imaginaire, c'est une apparition magique qui se présente dans son milieu.[18] » Buytendijk reprend alors le mot de Weizsäcker appelant à considérer l'animal à la fois comme un sujet et comme un objet d'étude en lequel l'observateur ne peut pas se transposer : « C'est pourquoi von Weizsäcker définit l'animal comme une *angeschaute Subjektivität*, une “activité subjective, vue du dehors”.[19] »

Parmi toutes les lectures qui ont été faites d'Uexküll, c'est celle de Merleau-Ponty qui perçoit le mieux l'importance et la place du comportement chez celui-ci, puisqu'il propose cette lecture précisément dans le chapitre de ses cours sur la nature au Collège de France intitulé « L'étude du comportement animal ». Dans ces cours, Merleau-Ponty pose la question, reprise vingt ans plus tard par Deleuze, du corps et de ses limites : « La question décisive n'est pas tant de savoir jusqu'à quel point de l'espace s'étendent ses tissus, mais jusqu'à quel point s'étend son corps.[20] » Merleau-Ponty insiste sur l'enchevêtrement du corps

---

17. *Traité de psychologie animale, op. cit.*, p. 20 (nous soulignons).
18. *Mondes*, p. 84.
19. *Traité de psychologie animale, op. cit.*, p. 20.
20. *La nature, op. cit.*, p. 195.

et du comportement, le corps (organique ici, et non pas le *corps sans organe*) étant la manifestation concrète du comportement, et non pas un moyen passif, un instrument (*organon*). Dans la partie de son cours consacrée à Uexküll, Merleau-Ponty distingue entre trois milieux : celui des « animaux-machines », celui des « animaux inférieurs organisateurs », et celui des « animaux supérieurs », et s'il y a une unité du concept de milieu chez Uexküll, il faudrait à ses yeux la chercher dans le comportement. En prenant garde à ne pas considérer le corps analytiquement, partie par partie, car il ne s'agirait que de physique et de chimie, et en invitant au contraire à s'élever à une « considération de l'ensemble de l'organisme », c'est-à-dire à une approche comportementale, Merleau-Ponty affirme que le comportement émerge comme *totalité*[21]. Mais de même que l'on avait distingué dans le chapitre intitulé « Le milieu ajusté » trois niveaux d'ajustement, il faut ici distinguer trois niveaux de totalité, et donc de comportement.

Le premier niveau de comportement se situe au niveau des organes, au niveau de la formation embryonnaire, c'est-à-dire du milieu intérieur (*Innenwelt*). Le développement embryonnaire est pour Uexküll dirigé par le plan de formation (*Gestaltungplan*) qui donne le style des différents stades du développement, et qui est lui-même soumis au plan de performance (*Leistungplan*). En partant de l'*Embryologie du comportement* de 1953 de Gesell, qui applique la notion de comportement à l'embryon, Merleau-Ponty fait émerger la subjectivité dès ce niveau, et il écrit ainsi qu'« il faut admettre un *Umwelt* au niveau de l'organe, au niveau de l'embryon[22] ». Pour rester uexküllien, il faudrait ajouter qu'il existe, comme nous l'avons mis en évidence plus

21. *Ibid.*, p. 194.
22. *Ibid.*, p. 220-221.

avant, une subjectivité et donc un comportement dès le niveau cellulaire : « À l'égard des objets extérieurs, la cellule vivante *se comporte* non pas en tant qu'objet, mais en tant que sujet.[23] »

Le second niveau de comportement concerne le rapport de l'animal à son milieu « extérieur ». Le comportement peut être décrit sous la forme d'un ensemble de cercles fonctionnels, d'interactions réciproques entre l'animal et son milieu subjectif (mondes perceptif et actif). Reprenant la théorie des couleurs de Goethe, Uexküll montre qu'il y a comportement dès la perception et il met en évidence que les couleurs sont des relations de sensations, qu'elles sont les énergies spécifiques (autrement dit les tonalités individuelles) des cellules du cerveau[24]. Chez le choucas, « l'image perceptive d'un "objet noir porté" déclenche immédiatement la position de combat », et ce n'est donc pas la couleur noire en elle-même qui fait sens pour l'oiseau, mais le noir en tant qu'il représente un congénère dans la gueule d'un ennemi[25]. À la suite de Goethe, Uexküll établit qu'il n'y a pas de couleur absolue, de pures couleurs, mais des colorations, des ambiances de couleurs, des couleurs en rapport à une subjectivité – la couleur noire se comportant envers le corps du choucas. Merleau-Ponty écrit dans le même sens que le miel est « un certain comportement du monde envers mon corps et moi », sa viscosité et sa douceur étant deux rapports possibles à mon corps[26]. Si la puissance de la pomme fait éclater les limites du dessin, c'est par son comportement envers celui qui la regarde, celui qui la désire, celui qui la peint,… : « C'est ce que voulait dire Cézanne quand il parlait d'un certain "halo"

---

23. J. von Uexküll, « Die Rolle der Subjekt in des Biologie », *Die Naturwissenschaften* 19, p. 386 (nous soulignons).

24. *Mondes*, p. 122.

25. *Ibid.*, p. 74.

26. *Causeries*, *op. cit.*, p. 27.

des choses qu'il s'agit de rendre par la peinture.[27] » Plus généralement, il faut également penser comme comportements les formes animales, c'est-à-dire les postures, les cris, et les chants qui sont des formes mélodiques.

Le troisième niveau correspond à la totalité formée par deux comportements. Après sa minutieuse et belle description de l'unité comportementale entre la mangouste et le cobra dans son *Traité de psychologie animale*, Buytendijk en propose une interprétation :

> On constate l'étonnante corrélation des mouvements des deux animaux ; leur réalisation réciproque ne s'enchaîne pas, ne se succède pas, sous la forme de réactions aux mouvements de l'adversaire, retardés par des délais, mais leur cohérence, leur liaison, leur mutuel rapport, unit les deux bêtes comme pour en faire une nouvelle unité organique[28].

Ce troisième niveau est celui dont a hérité l'éthologie objectiviste en général, et plus particulièrement Lorenz qui qualifie justement la doctrine d'Uexküll de « théorie du comportement[29] ». Le concept de compagnon, *Kumpan*, fait chez Uexküll l'objet d'un chapitre des *Excursions*, et devient chez Lorenz le titre de son article de 1935 intitulé « Der Kumpan in der *Umwelt* der Vögel[30] » (le compagnon dans le milieu de l'oiseau). Cet article qui se réfère donc directement à Uexküll examine les cinq cercles fonctionnels sociaux que l'on peut observer parmi les oiseaux : ils sont centrés sur les parents-compagnon (*Elternkumpan*), sur les « frères et sœurs », sur les membres

---

27. J. Gasquet, *Cézanne*, Paris, Bernheim-Jeune, 1926, p. 205.

28. *Traité de psychologie animale*, p. 215.

29. K. Lorenz, *Trois essais sur le comportement animal et humain*, Paris, Seuil, 1970, p. 84.

30. K. Lorenz, « Der Kumpan in der *Umwelt* des Vogels », *Journal für Ornithologie*, avril 1935, p. 10.

appartenant au groupe, sur le compagnon amoureux, et enfin sur la progéniture. Uexküll se référant lui-même à Lorenz dans son chapitre sur le compagnon, ce concept de *Kumpan* naît, semble-t-il, de la rencontre entre Uexküll et Lorenz, même si c'est ce dernier qui le systématisera dans ses écrits théoriques, en l'enrichissant, par exemple, du concept plus connu d'empreinte psychologique. La phénologie du comportement uexküllienne est donc une éthologie, et elle consiste en l'étude du *phénotype* de l'animal, phénotype que Lorenz nomme encore le « tableau phénoménologique qu'offre le génotype exposé à toutes ses influences[31] ». Pour dresser le tableau phénoménologique par exemple de l'oie, l'observateur, l'éthologue, doit en premier lieu se faire « une connaissance précise de "tout ce que peut une oie" », comme l'indique Lorenz de manière à la fois uexküllienne et spinoziste[32]. L'auteur des *Oies cendrées* résume plus loin :

> Ce qui est à la base du comportement directement observable d'un organisme n'est jamais que *phénotypique*, c'est-à-dire correspond à cette forme phénoménologique dans laquelle la disposition innée, le *génotype* du comportement, se manifeste dans les conditions qui prévalent dans l'environnement, dans le *milieu*[33].

L'éthologie, n'étudie donc pas la morphologie de l'animal, ni son génome, mais son comportement, qu'il soit inné ou acquis[34]. C'est l'étude du phénotype d'une espèce en fonction de ses schèmes ou structures comportementales. La phénologie

31. K. Lorenz, *Les oies cendrées*, Paris, Albin Michel, 1989, p. 40.

32. *Ibid.*, p. 9.

33. *Ibid.*, p. 41.

34. « La haine spontanée que soulève un chow-chow chez les chiens de village qui n'en n'ont jamais vu d'autres spécimens, et réciproquement la facilité avec laquelle n'importe quel chien bâtard va accepter le cousinage d'un chacal ou d'un dingo, sont à mes yeux des arguments infiniment plus convaincants que les mesures de

du comportement étudie donc le corps vivant, non pas de manière essentielle, mais dans sa puissance, c'est-à-dire selon ses performances, selon les rapports extérieurs et visibles du corps à son milieu. Du point de vue comportemental, Lorenz suggère que la différence entre l'espèce humaine et les autres espèces devrait ainsi se penser en termes de spécialisation et de variation – comme nous allons le voir plus en détail.

> Tous les vertébrés supérieurs *cosmopolites* sont des êtres curieux non spécialisés caractéristiques – et parmi eux, il faut sans aucun doute compter l'homme. Lui aussi construit – par un affrontement actif, en forme de dialogue, avec l'environnement étranger – un monde de significations et est par là capable de s'adapter à des conditions de milieu si variées que plusieurs auteurs pensent qu'il est parfaitement impossible de parler d'un environnement propre à l'homme, au sens que Uexküll donne à ce mot[35].

Bien qu'il maintienne l'opposition entre *Umwelt* et *Welt*, milieu et monde, et qu'il reste en cela heideggérien, Buytendijk écrit dans une tonalité uexküllienne :

> L'organisme animal et humain ne fait pas que vivre, il *existe*, c'est-à-dire qu'il crée une relation avec l'entourage. L'entourage n'est pas seulement la condition nécessaire au processus vivant intra-organique, mais il existe *avec* l'animal ou l'homme, *pour* eux et *à travers* eux en tant que structure significative. Cet entourage « vivant avec », vécu et formé, s'appelle le milieu de l'animal, le monde de l'homme. [...] Ce qu'ils ont en commun, c'est qu'ils sont constitués tous les deux *dans* le comportement et qu'ils appellent et *façonnent* ce dernier. Nous voyons

---

crânes, les calculs de proportion chez les squelettes sur lesquels l'opinion contraire est basée. » *Tous les chiens, tous les chats, op. cit.*, p. 91.

35. *Trois essais sur le comportement animal et humain, op. cit.*, p. 218-219.

> dans cette dernière corrélation indissoluble une parenté entre l'homme et l'animal que nous exprimerons par le terme de *subjectivité*[36].

Pour le baron germano-balte, l'activité comportementale caractérise donc la vie dans sa totalité, des simples cellules à la relation d'un être vivant à son compagnon amoureux en passant par le comportement embryonnaire, ou par celui des grands singes. Buytendijk et surtout Lorenz orientent leurs travaux vers la recherche sur le comportement inaugurée par Uexküll. En donnant ses lettres de noblesse à l'éthologie, Lorenz continue de miner la différence essentielle, métaphysique entre l'homme et l'animal, et de gommer ce qui pouvait apparaître comme le « propre de l'homme » (rapport à la mort ou vie politique et éthique comme nous allons le voir). La spécificité de l'homme serait peut-être donc sa grande plasticité comportementale, sa plus grande possibilité de variation : possédant des schèmes comportementaux plus lâches il peut notamment s'adapter, s'ajuster devrions-nous dire avec Uexküll, à un milieu de plus en plus complexe.

II. LES COMPOSITIONS : DE L'ÉTHOLOGIE À L'ÉCOLOGIE

1. L'éthologie comme éthique

L'éthologie étudie, comme nous venons de le voir, le comportement des êtres vivants à trois niveaux différents. Ériger l'éthologie en éthique universelle suppose de ne pas penser la différence humaine comme essentielle, mais comme graduelle, et de ne pas fonder cette éthique sur une liberté de type métaphysique qui serait propre à l'homme. Il n'y a en fait pas chez Uexküll de concept classique, métaphysique, de liberté, mais un usage

---

36. *L'homme et l'animal*, *op. cit.*, p. 22.

du concept qui apparaît d'abord « en négatif », libre étant ce qui n'est pas limité. En un sens tout à fait uexküllien, Weizsäcker écrit dans *Le cycle de la structure* :

> Par la limitation, nous faisons du monde notre milieu (*Umwelt*) ; c'est ainsi que nous le dominons. Ce que nous nommons liberté n'est qu'un corollaire de cette limitation. L'attribut de la liberté n'appartient qu'en ce sens à l'acte biologique. Mais, en ce sens, il lui appartient ; on peut dire que les dimensions de cette liberté n'ont pas encore été précisées[37].

La liberté serait donc fonction, en proportion inverse, de la limitation. Limitation de et par quoi demandera-t-on. Limitation de l'action et de la perception par les cercles fonctionnels de l'animal, par ses schèmes, par son plan répondrait Uexküll qui précise justement les dimensions de cette liberté. Il n'est pas fait chez notre éthologue balte de place à part à l'homme, et il ne parle pour ainsi dire jamais de la liberté, sauf pour dire que les animaux ne sont pas libres[38]. Souvenons-nous de la distinction établie entre le but et le plan : lorsque la poule défend sa progéniture, ce n'est pas une action libre et téléologique, dirigée par un but, mais une action « mécanique », soumise au plan naturel du gallinacé. Mais dans le même temps, Uexküll admet néanmoins l'existence d'actions téléologiques « plus libres », de buts chez les animaux plus évolués, chez les mammifères supérieurs. Mais plus libre en quel sens ? En tant que corollaire de la limitation, la liberté consiste ici à posséder des schèmes de moins en moins simples et restrictifs, de moins en moins mécaniques – à ce titre les mammifères sont par exemple moins mécaniques que les insectes et peuvent prendre

37. *Le cycle de la structure*, *op. cit.*, p. 215, trad. mod.
38. *Mondes*, p. 93.

des libertés avec les structures fixes de leur comportement. Un passage clef et dense de la *Lebenslehre* permet d'éclairer cette idée :

> Moins les actions des animaux ressemblent au jeu d'une pendule à carillon, plus ils consistent en des actes uniques dont chacun joue une pièce différente. Plus les actions des animaux ressemblent au jeu libre de l'artiste sur le toucher délié du clavier. Le va-et-vient des schèmes dans l'organe perceptif ainsi que la naissance et la disparition des mélodies d'impulsion dans l'organe actif sont toujours plus évidents. [...] Toute interprétation mécanique manque la liberté avec laquelle est mobilisé l'appareil osseux et musculaire. De nouvelles variations émergent là où le thème reste identique à lui-même. Mais le nombre des thèmes est établi une fois pour toutes dans chaque animal. C'est en cela que se montre la limitation des organismes.
>
> Qu'est-ce maintenant qu'un thème si ce n'est un plan de performance qui unifie la perception et l'action dans l'organisme ? Grâce à lui, de très nombreuses possibilités de variation sont données, qu'un mécanisme, toujours construit conformément à des contraintes relatives au mouvement [physique], ne connaît pas. Les parties matérielles de la machine se heurtent violemment dans l'espace. La sûreté de la machine repose sur le jeu réciproque contraint de ses parties. Son plan de performance ne connaît pas de variations[39].

Plutôt qu'une différence essentielle entre *Benehmen* et *Vernehmen* (la différence heideggérienne entre la conduite humaine et le comportement animal), il faut penser avec Uexküll une différence entre un *Verhalten* (le comportement en un sens plus large) relativement indéterminé et un *Verhalten* stéréotypé, autrement dit, une différence fondée sur la *variation*. C'est précisément cela qui permet de lire chez le biologiste balte

39. *Die Lebenslehre*, *op. cit.*, p. 115-116.

une éthique valable pour tous les vivants, en opposition à une morale exclusivement humaine fondée sur les concepts d'autrui, d'âme et de liberté... exclusivement humains. Si comme on l'a vu Uexküll ne fait qu'un usage moindre du terme de liberté, c'est bien que le concept biologique, éthologique, dont il est question est celui de variation. La variation correspond au jeu que le sujet peut avoir avec ses comportements, comme il peut y voir du jeu avec la serrure d'une porte; elle consiste à avoir une plus grande « marge de manœuvre ». C'est également ce que suggère Deleuze, dans une page du *Pli* consacrée elle aussi à Uexküll et à l'harmonie musicale du monde sur laquelle nous reviendrons : « La mélodie libérée de ce contrepoint modal gagne une puissance de variation qui consiste à introduire toutes sortes d'éléments étrangers dans la réalisation de l'accord (retards, broderies, appogiatures, etc.).[40] » Comme le souligne encore Patočka, la différence entre l'homme et l'animal est chez Uexküll une affaire de degrés; l'homme est seulement *plus* libre que l'animal, *moins* stéréotypé :

> Le biologisme d'Uexküll souligne d'avantage l'aspect pratique : ce qui, du monde, nous est présenté, est un signal pour l'action. Toutefois, l'action humaine n'a pas le caractère stéréotypé propre au comportement animal; elle varie de manière plus frappante que l'aspect présentatif de l'expérience, aspect qui, si nous y fixons notre attention, dissimule précisément la variabilité de l'expérience humaine[41].

L'animal ferait ainsi l'expérience d'une plus grande liberté en captivité, lorsqu'en éprouvant notamment l'ennui, ses cercles fonctionnels vitaux ne sont plus sollicités – recherche

---

40. G. Deleuze, *Le pli*, *op. cit.*, p. 185.
41. J. Patočka, *Le monde naturel et le mouvement de l'existence humaine*, Dortrecht, Boston, Londres, Kluwer Academic Publisher, 1988, p. 158.

de nourriture et d'abri par exemple. Alors de nouveaux comportements peuvent apparaître. Ce n'est donc pas pertinent de parler comme le fait par exemple Heidegger de la différence entre l'homme et l'animal car de quel animal parle-t-on ? En effet, il y a certainement moins de différence entre l'homme et le chimpanzé qu'entre le chimpanzé et le ver de terre. L'éthologie est une éthique universelle : elle étudie l'« animal » – dont l'homme fait partie.

Opérant à la manière d'Uexküll une naturalisation de Kant, Lorenz pose la thèse selon laquelle la morale humaine, qu'il ne remet pas en cause contrairement à son homologue balte, est biologiquement ancrée dans l'animalité. Le chapitre intitulé « L'animal coupable » applique ainsi à certains animaux, notamment aux chiens, certaines catégories morales traditionnellement réservées à l'homme : le pardon, le remords, la mauvaise conscience. Afin de mettre en évidence ce qu'il nomme la « version biologique de l'interrogation catégorique de Kant : puis-je élever les maximes de mon comportement au niveau d'une loi générale de la nature ?[42] », le successeur à la chaire de Kant à Königsberg pose la thèse selon laquelle les animaux domestiqués accèdent à des libertés supérieures à celles de leurs ancêtres sauvages :

> La perte des instincts, de ces structures fixes qui déterminent le plus clair du comportement animal, était une des conditions préalables à l'éveil d'une liberté d'action spécifiquement humaine. Et chez l'animal domestique, le déclin de certaines réactions innées signifie également l'accès à un nouveau degré de liberté, sans aucun affaiblissement des facultés rationnelles[43].

---

42. *Tous les chiens, tous les chats*, *op. cit.*, p. 247.
43. *Ibid.*, p. 177.

En comparant les facultés d'expression des chiens domestiqués (les chiens à sang de chacal) plus libres et plus adaptables que leurs « cousins » sauvages (les chiens à sang de loup et plus particulièrement les chows-chows), Lorenz déduit que « le déclin des structures innées ouvre de nouvelles possibilités aux "structures librement inventées" » par l'animal en tant qu'individu. « Aucune règle établie de l'instinct ne force un chien à exprimer son affection en posant la tête sur le genou de son maître. C'est pourquoi un tel geste est plus proche du langage humain que tout ce que des animaux sauvages peuvent "se dire" entre eux.[44] »

En gommant la frontière entre la morale humaine et l'éthologie animale, c'est une conceptualité entière qui est remise en cause, et c'est ce qui fera dire à Lorenz en prolongeant Uexküll dans *Les oies cendrées* :

> À un homme qui « pense biologiquement », il apparaît presque incroyable que de grands penseurs comme Kant et Schopenhauer, qui n'étaient pas des réalistes naïfs, n'aient jamais mis en doute l'existence du « prochain », dont pourtant ils n'avaient pris connaissance que par les – ô combien méprisés – organes des sens. Pour le penseur dont la théorie de la connaissance est fondée sur l'intelligence du fait de l'évolution, l'« évidence du toi », du congénère comme de l'animal supérieur, est *irrécusable*[45].

De même que le concept éthologique de variation doit se voir substituer à celui moral de liberté, penser avec Uexküll l'éthologie comme éthique implique alors de considérer le concept éthologique de compagnon (*Kumpan*) comme substitut à la catégorie morale de prochain ou d'autrui, ainsi que ses déclinaisons en compagnon amoureux, compagnon maternel,

44. *Ibid.*, p. 179-180.
45. *Les oies cendrées, op. cit.*, p. 278.

compagnon de jeu, et ainsi de suite en autant de catégories familiales ou sociales que l'animal est capable d'avoir. Il faut se référer au chapitre des *Excursions* « Le compagnon » pour comprendre la complexité et la grande richesse des rapports de compagnonnage, par exemple du choix du compagnon amoureux (*Liebeskumpan*) :

> Au zoo d'Amsterdam se trouvait un jeune couple de butors dont le mâle s'était « épris » du directeur de zoo. Pour ne pas empêcher l'accouplement, le directeur ne se montra pas pendant longtemps. En conséquence, le mâle s'habitua à sa femelle. Il parvint à une heureuse union, et lorsque sa femelle couva les œufs, le directeur osa se montrer à nouveau. Qu'arriva-t-il ? Dès que le mâle eut aperçu son ancien compagnon amoureux, il chassa la femelle du nid et parut indiquer par des révérences répétées qu'il désirait voir le directeur occuper la place vacante et continuer la couvaison[46].

En élevant l'éthologie au statut d'éthique, Uexküll décrit les rapports animaux à la manière de Spinoza, « le philosophe à la tique[47] », c'est-à-dire en termes de confrontations, de symbioses, de mutualismes, de prédations, de rapports de dominations, d'affinités, etc. On peut ainsi décrire de manière à la fois uexküllienne et spinoziste les différents rapports de l'homme au chien. La puissance de l'aveugle augmente par son alliance avec le chien d'aveugle, celui-ci augmentant le milieu de celui-là en y faisant entrer de nouveaux signes, des signes visuels : « L'aveugle vit dans un monde très restreint [...]. La difficulté

---

46. *Mondes*, p. 75, trad. mod.

47. G. Deleuze et Cl. Parnet, *Dialogues*, Paris, Flammarion, 1996, p. 76. Pour approfondir la différence entre une morale et une éthique – qui prend en compte le biologique –, on se reportera au chapitre « Sur la différence de l'*Éthique* avec une morale » de *Spinoza, Philosophie pratique* de Deleuze (Paris, Éditions de Minuit, 1981).

du dressage réside en ce qu'il faut faire entrer dans le milieu du chien certains caractères perceptifs qui ne représentent d'intérêt que pour l'aveugle et non pour le chien.[48] » Encore une fois, il semble que la relation symbiotique, contrapunctique entre l'homme et le chien soit absolument unique, comme le montre également cet exemple de Lorenz qui décrit le « style des relations », le « style des associations » entre l'homme et le chien : « Comme des enfants normaux éprouvent beaucoup de plaisir à la compagnie des chiens et se sentent d'autant plus frustrés lorsque ceux-ci les évitent, ils ont vite fait de comprendre comment il faut se comporter pour être élu compagnon de jeu dans l'univers du chien.[49] » La confiance du chien en l'enfant témoigne aux yeux de Lorenz du caractère et des tendances de ce dernier, et seuls les enfants délicats peuvent entrer en rapport avec le chien. En agençant un rapport avec le milieu du chien, l'enfant augmente sa puissance et ses affects de tonalité joyeuse. De ses observations sur « l'exceptionnelle relation » qu'est l'amitié canine impliquant le sacrifice, Lorenz déduit alors « un code de bonne conduite des bonnes manières pour nos relations animales[50] ». Si le rapport entre l'homme et le chien augmente leurs puissances respectives, Uexküll considère également l'existence de rapports destructeurs, notamment lorsqu'il compare la relation de l'araignée à la mouche avec celle du choléra à l'homme[51]. Ces alliances, ces rapports

---

48. *Mondes*, p. 65.

49. *Tous les chiens, tous les chats*, *op. cit.*, p. 8, 100, et 104-105.

50. *Ibid.*, p. 149, 191-193 : « On peut prendre pour critère de l'amitié la plus forte, entre deux hommes, la faculté de faire le plus grand sacrifice sans espoir de récompense. Nietzsche, qui, contrairement à beaucoup de gens, portait un masque de brutalité pour cacher une bonté véritable, a dit très joliment : "*Que ton ambition soit d'aimer toujours plus que l'autre, de n'être jamais le second...*" J'arrive parfois à suivre ce commandement avec les êtres humains, mais dans mes rapports avec un chien qui m'aime, je suis toujours le second. Quelle étrange, quelle exceptionnelle relation ! »

51. Par exemple *Mondes*, p. 110.

de domination, de collaboration ou de confiance, ces affinités, ces relations politiques et sociales, sont donc l'objet de l'éthique déployée par Uexküll.

Une conséquence de taille de cette éthique est qu'il faut accorder une dimension sociale et politique à la vie animale, et l'œuvre d'Uexküll thématise, parfois de manière implicite, cette vie sociale et politique. En introduisant le premier le concept de sujet dans la biologie, c'est bien Uexküll qui enrichit, aux yeux de Weizsäcker, la biologie des « catégories pathiques ». Le *Cycle de la structure* range parmi les catégories pathiques non seulement la liberté mais aussi la nécessité, le devoir, le pouvoir, etc. Ces catégories permettent de penser les modalités d'une société animale : « Les catégories biologiques ne sont pas seulement subjectives, elles sont aussi sociales. La vie est individu et société.[52] » Bien qu'Uexküll distingue dans ce même chapitre sur le compagnon la société (*Gesellschaft*) des hommes de la communauté (*Gemeinschaft*) des animaux, il ne parle pas moins des « oiseaux vivant en société » (*gesellig lebenden Vögel*) et assimile à la fin du chapitre la manière dont les choucas et ceux qu'il désigne par le terme d'« hommes primitifs » différencient les membres de leur groupe de ceux qui n'y appartiennent pas[53]. Développant son éthologie, Uexküll écrit dans le même sens : « Si, dans une région et pour une espèce données, on dressait le relevé des différents territoires individuels, on obtiendrait une carte politique dont les frontières seraient déterminées par l'issue de combats incessants.[54] » Ce sont précisément les territoires ou « cantons » des oiseaux que l'on cherche à cartographier par la méthode de dénombrement dite des plans quadrillés, basée sur la reconnaissance des chants territoriaux, des cris de contact,

52. *Le cycle de la structure*, *op. cit.*, p. 221-222.
53. *Mondes*, p. 72-77.
54. *Ibid.*, p. 70-71.

des cris d'alerte, des poursuites,... bref par l'observation de ces combats incessants. Alors que Kriszat dessine dans les *Excursions* la carte politique canine du jardin zoologique de Hambourg[55], Lorenz décrit quant à lui dans quelques pages admirables les « relations politiques » d'intimidation, de respect, de menace, de bluff,... entre les chiens Rolf et Wolf[56]. En pensant finalement l'éthologie comme éthique, Uexküll décrit les comportements animaux de la même manière que ceux des humains, et en créant les catégories de compagnon et de variation, il déshumanise celles d'autrui, de liberté et de société.

Comme toute éthique, l'éthologie uexküllienne suppose un fondement. Alors que l'éthique spinoziste repose sur les affects, et que la morale kantienne repose sur le postulat de la liberté, l'éthologie uexküllienne repose en dernier lieu sur la nature sémiotique du vivant : « Tout milieu ne contient que des symboles de signification.[57] » Mais en élevant l'éthologie au statut d'éthique, c'est moins l'homme qui est rabaissé au rang de bête, que l'animal élevé à une vie symbolique, culturelle et « artistique » – ce que Merleau-Ponty a très bien vu :

> Autrement dit, il y a ici commencement de culture. L'architecture de symboles, que l'animal apporte de son côté, définit ainsi, au sein de la Nature, une espèce de pré-culture. L'*Umwelt* est de moins en moins orienté vers un but et, de plus en plus, interprétation de symboles[58].

Uexküll considère les signaux les plus simples du monde animal, ceux par exemple des invertébrés marins, comme

55. *Ibid.*, figure 11, p. 72.
56. *Tous les chiens tous les chats, op. cit.*, p. 78-81.
57. *Mondes*, p. 171.
58. *La Nature, op. cit.*, p. 231.

une ébauche, une anticipation des symboles du monde humain. La conclusion de la *Théorie de la signification* développe le cœur de l'éthique uexküllienne en décrivant cette architecture symbolique qui transit la vie, des signaux simples et mécaniques du ver de terre, aux symboles des poètes, en passant par les parades nuptiales des oiseaux :

> L'exemple de la création artistique nous servira à montrer dans quelle mesure celle d'un être vivant procède de la même manière. On a l'impression que les porteurs de signification constituent des hiéroglyphes ou des symboles [...]. Le contour des moules des étangs et le courant qu'elles produisent constituent le symbole d'amour du cyprin. La différence de goût existant entre la tige et la pointe des feuilles devient un symbole formel pour le ver de terre. Le même son est un symbole hostile pour le papillon de nuit, et ainsi de suite à l'infini. Si le grand nombre d'exemples cités nous a convaincu que tout milieu ne contient que des symboles de signification, un second fait encore plus surprenant s'impose à nous : tout symbole de signification d'un sujet est en même temps un motif de signification dans la morphogenèse et le développement de ce sujet[59].

Lorenz prolonge directement ce texte lorsqu'il décrit par exemple le phénomène de ritualisation des grèbes huppées qui s'offrent mutuellement *et symboliquement* les matériaux de construction du nid[60], ou encore le jeu de la « Mort du buffle » chez le chat domestique : « Ma théorie sur l'origine de ces gestes rituels, vestiges d'anciennes habitudes de chasse, est corroborée par le fait que, dans le jeu, ils sont précédés de toutes une mise en scène, très réaliste, simulant l'embuscade et l'affût.[61] » Le vivant est pour Uexküll production et interprétation de symboles : il n'existe

---

59. *Mondes*, p. 169-171.
60. *Les oies cendrées*, *op. cit.*, p. 106-108.
61. *Tous les chiens tous les chats*, *op. cit.*, p. 138-140.

à la limite que des symboles en rapport. Ainsi, la couleur-noire-portée se comporte à l'égard du corps du choucas, et le miel par rapport à mon corps dans la mesure où ils symbolisent un congénère dans la gueule d'un prédateur et la douceur visqueuse, et Merleau-Ponty écrit ainsi : « Les choses ne sont donc pas devant nous de simples *objets* neutres que nous contemplerions ; chacune d'elle symbolise pour nous une certaine conduite, nous la rappelle, provoque de notre part des réactions favorables ou défavorables.[62] » La limite de la forêt, la limite de sa grande puissance symbolique qui agit notamment par les légendes dans l'imaginaire populaire correspond au moment où elle change de signification. Les *Excursions* décrivent ainsi la puissance symbolique de la forêt dont la signification maléfique atteint le milieu de la petite fille :

> [Le vieux forestier] ne prêtera guère d'attention au visage humain que peuvent dessiner les rides de l'écorce. Celles-ci, au contraire, joueront un rôle dans le milieu magique d'une fillette pour qui la forêt est encore pleine de gnomes et de lutins. La petite fille s'enfuira terrifiée devant un chêne qui la regarde méchamment. Pour elle l'arbre tout entier pourra se muer en esprit malfaisant[63].

Le signe (la déformation dans le tronc) fait sens (le visage du lutin) dans la mesure où ce dernier signifie « esprit malfaisant ». Au contraire, le guide forestier a la capacité d'interpréter un grand nombre de signes de manière rationnelle ou du moins raisonnable, et de suivre son chemin dans la forêt sans se perdre ni avoir peur[64].

---

62. *Causeries*, *op. cit.*, p. 28

63. *Mondes*, p. 86.

64. « Parmi la multitude d'arbres et de rochers de l'entourage, il en existe certains dans le milieu du guide qui, alignés les uns derrière les autres, se distinguent des

Uexküll montre ainsi, notamment dans le chapitre de la *Théorie de la signification* intitulé « Interprétation de la toile d'araignée », la manière dont le monde des hommes est à l'image de la toile d'araignée, c'est-à-dire comme un prolongement significatif de lui-même, comme un rayonnement sémiotique. Le chêne est pris dans les légendes, dans le milieu magique de la petite fille, comme la mouche et l'araignée sont prises dans la même histoire, dans la même morphogenèse. Tout vivant tisse une toile constituée par des significations, des relations, des rapports, qui capture d'autres signes, et les histoires que racontent les personnages de la nouvelle *Der Stein von Werder* sont à proprement parler des toiles d'araignées. Cette architecture de symboles constitue le soubassement des rapports que les personnages proustiens entretiennent les uns avec les autres. La rencontre entre Charlus et Jupien au début de *Sodome et Gomorrhe* consiste en effet en un pur échange de signes, et Charlus entreprend une véritable danse de séduction pareille à celle que le bourdon effectue devant la fleur. De même que l'éthologie uexküllienne doit être pensée comme éthique, les « lois supérieures du monde végétal », que Proust explicite à la suite de cette rencontre dansante, valent également pour le règne humain. La notion goethéenne d'*affinité* (*Verwandtschaft*) est à cet égard très éclairante et *Les affinités électives* permettent rétrospectivement d'éclairer la démarche uexküllienne. En annonçant son roman dans la *Gazette du matin pour les classes cultivées (Morgenblatt für gebildete Stände*) du 4 septembre 1809, Goethe résume parfaitement cette correspondance entre la vie chimique, moléculaire, et la vie sociale, éthique :

> Il me semble que des travaux de physique assidûment poursuivis ont conduit l'auteur à ce titre singulier. Il a fort bien pu observer que,

---

autres arbres et rochers comme des poteaux indicateurs, bien qu'ils ne se signalent à nous par aucun signe. » *Ibid.*, p. 63.

dans les sciences de la nature, on se sert très souvent de comparaisons d'ordre éthique, afin de rendre plus proche, dans le cercle des connaissances humaines, ce qui était fort éloigné ; c'est ainsi que, dans un cas moral, il a pu ramener une comparaison symbolique de la chimie à son origine spirituelle, d'autant plus qu'il n'existe partout qu'*une seule nature* et que, dans le domaine éclairé de la liberté raisonnable, on relève constamment les traces de la sombre nécessité des passions qui ne sauraient être entièrement effacées que par la main d'un être supérieur, et non pas encore, peut-être, en cette vie.

Si, comme le souligne Goethe, le terme d'affinité (*Verwandtschaft*) vaut pour les relations humaines comme pour les rapports chimiques, ajoutons qu'il s'étend également aux rapports biologiques ; il faut donc prendre l'expression « affinités électives » non pas de manière métaphorique, mais au sens propre, c'est-à-dire au sens où il est employé dans la *Métamorphose des plantes* publiée presque trente ans avant le roman. Les « affinités secrètes » (*geheime Verwandtschaften*) entre les différentes parties extérieures des végétaux, et notamment entre la corolle et les feuilles de la tige[65], sont de même nature que les « affinités électives » entre Edouard et Odile et entre Charlotte et le capitaine. Il faut ainsi entendre *Verwandtschaft* dans sa proximité avec *Verwandlung* et penser l'affinité, aussi bien végétale qu'humaine, comme mouvement contrapunctique, comme « rencontre métamorphosante » oserait-on dire : c'est la rencontre avec sa plante associée qui permettre à telle chenille de se métamorphoser en papillon. Ces relations contrapunctiques sont le sommet de la théorie uexküllienne de la signification, et on peut dire qu'elles sont au cœur de son éthique.

65. Johnn Wolfgang von Goethe, *Die Metamorphose der Pflanzen*, Genève, Notari, 2010, p. 36 et 73.

L'éthologie uexküllienne se définit donc comme la science de la composition des rapports symboliques entre les êtres vivants, comme une éthique universelle décrivant les affinités animales, les compagnonnages familiaux, sociaux et politiques ; et s'il est possible d'établir la correspondance entre le chimique, le biologique et le social c'est qu'il n'existe, selon les mots de Goethe, qu'*une seule nature*. Cette éthique est pensée en termes musicaux, c'est-à-dire en termes de composition, variation, mélodie ou contrepoint, et nous allons maintenant envisager la dimension musicale de cette théorie de la composition.

2. De la composition mélodique à la composition symphonique

Venons-en donc maintenant à ce qu'Uexküll nomme « la grande fécondité de l'analogie musicale sur le plan biologique[66] », analogie relativement classique, que l'on retrouve aujourd'hui par exemple chez le botaniste Jean-Marie Pelt. Comme le remarque son fils Thure von Uexküll, c'est sa conception même de l'évolution qui conduit directement Jakob à la métaphore musicale ; ce dernier perçoit la nature comme ce qu'il nomme en suivant Mendel un code, ou encore une grande symphonie :

> L'évolution ne [peut] pas emprunter le chemin du hasard qui conduirait des formes imparfaitement adaptées à des formes mieux adaptées en procédant par essai et erreur dans un temps linéaire, mais seulement le chemin de la composition d'une grande symphonie ou d'un vaste code, d'une conformité à un plan englobant, qui fait varier les mêmes thèmes dans les différents milieux – mais toujours avec la même perfection[67].

---

66. *Mondes*, p. 150.
67. *Kompositionslehre der Nature*, *op. cit.*, p. 59.

Aux trois niveaux d'ajustement puis de comportement que l'on a mis en évidence correspondent, du point de vue de l'analogie musicale, trois niveaux de composition : la simple mélodie, le contrepoint et la symphonie. Afin que l'observateur puisse lire la grande partition de la nature, la grande symphonie, il lui faut non seulement entendre les mélodies particulières, simples, mais également les contrepoints.

L'analogie musicale fonctionne d'abord avec la simple mélodie, aux niveaux organiques et cellulaires, c'est-à-dire au niveau du monde intérieur (*Innenwelt*) de l'animal. Tous les éléments de l'être vivant étant constitués de cellules protoplasmiques, ces dernières n'obéissent qu'à l'induction mélodique de leurs sonorités individuelles. Plus concrètement, Uexküll envisage par exemple la manière dont la lumière solaire fait sonner le carillon chlorophyllien des feuilles du chêne :

> C'est la même règle de signification qui, aujourd'hui comme il y a des millions d'années, opère ce choix dans les facteurs naturels élémentaires, les fait tinter comme une mélodie spécifique dans le carillon vivant des cellules du chêne[68].

Mais la mélodie se déploie également au niveau comportemental, au niveau du monde extérieur (*Außenwelt*) de l'animal. Uexküll pense le comportement comme une forme temporelle, c'est-à-dire comme formation, et *in fine* comme une mélodie – en effet, les expressions « induction mélodique » ou « mélodie d'impulsion » qui rendent compte du comportement sont récurrentes sous sa plume[69]. Il théorise ainsi l'ontogénèse par la notion de « mélodie de croissance » en insistant sur les trois mouvements,

---

68. *Mondes*, p. 129.

69. Uexküll parle par exemple dans les *Excursions* de « mélodies d'impulsions articulées rythmiquement » (*Mondes*, p. 23).

ou *tempo*, que sont *morula*, *blastula* et *gastrula*. Il commente encore, dans *Der Sinn des Lebens*, les thèses goethéennes de *La métamorphose des plantes* :

> Les formes temporelles ressemblent aux mélodies dont la suite de tons obéit à une autre loi, c'est-à-dire à la mélodie même[70].

C'est de la même manière que *Les oies cendrées* pense la forme comme mélodie et définit le comportement comme « mélodie d'impulsion ». La mélodie d'impulsion d'un animal, c'est par exemple la série de ses mouvements de chasse, de capture, de mise à mort et de consommation de la proie, telle que la « Mort du buffle » simulée par le chat. Considérant l'observateur de cette mélodie, et la manière dont il peut la percevoir, la comprendre, Lorenz écrit : « Nous reconnaissons la configuration d'une mélodie d'impulsion comme nous reconnaissons une mélodie musicale. Même lorsque nous n'entendons que des fragments incomplets, notre *perception de la forme* "sait" aussitôt à quelle mélodie cette succession de sons appartient.[71] »

Renvoyant à la *Théorie de la signification* d'Uexküll, et distinguant entre comportement et processus mécanique, ce dernier n'impliquant pas de relation significative, c'est-à-dire de relation *motivée*, Buytendijk écrit :

> Aussi a-t-on appelé, non sans raison, *le comportement une mélodie du mouvement*. Si nous voulons conserver cette image, en pensant que la mélodie, forme temporelle, représente bien une unité significative, composée de parties significatives, il nous faudrait ajouter que cette mélodie du mouvement est chantée pour ainsi dire « à deux voix » :

---

70. *Der Sinn des Lebens*, *op. cit.*, p. 66.
71. *Les oies cendrées*, *op. cit.*, p. 97.

par la situation et par le sujet « se comportant » qui tous deux *accordent* leur voix[72].

On le présentait, les rapports étant au cœur de la vision uexküllienne de la nature, la simple mélodie suppose déjà un contrepoint, et la composition musicale en contrepoint correspond à l'ajustement entre la forme et le motif (cette notion de motif étant reprise par Buytendijk comme par Lorenz). De même que chaque sujet suppose un milieu et qu'il n'existe pas de sujet isolé, de même chaque forme suppose un motif, chaque mélodie implique un contrepoint. Aucune mélodie ne peut résonner seule : il y a toujours au moins deux voix qui composent une harmonie. Ainsi le motif de la mélodie du comportement du papillon de nuit est par exemple le cri de la chauve-souris. Se référant encore à Uexküll, Buytendijk met en évidence, dans *L'homme et l'animal*, l'enchevêtrement des mélodies qui se répondent, qui s'appellent les unes les autres : « L'organisme, la plante qui croît, le germe qui se développe, la cellule qui se divise n'est pas seulement une forme mais une forme qui en produit une autre, "chantante mélodie" (cf. Jakob von Uexküll).[73] » Uexküll parle en ce sens des « relations de significations harmoniques[74] », synchroniquement, par exemple, entre la guêpe et l'orchidée, et diachroniquement, par exemple, entre la chenille et le papillon. En cela, l'évolution ontogénétique par saut, sans forme intermédiaire, est similaire, à ses yeux, à la succession de deux motifs musicaux : « Bien que les motifs aussi bien chez la chenille et le papillon que chez la larve de libellule et la libellule

72. *L'homme et l'animal, op. cit.*, p. 17.
73. *Ibid.*, p. 21.
74. *Mondes*, p. 131.

soient fondamentalement différents, il ne vient à l'esprit d'aucun homme de chercher un membre intermédiaire.[75] »

Pour Uexküll, il est possible d'étudier ces mélodies vivantes et cet ajustement en contrepoint, mais jamais la manière dont ils naissent :

> Il nous est impossible d'étudier la formation des mélodies elles-mêmes. [...] Nous voyons bien la main du peintre en train de poser sur la toile une touche de couleur après l'autre, mais la mélodie qui guide sa main nous reste totalement inconnaissable. [...] Le matériel se trouve dans chaque cellule germinative et le clavier lui-même apparaît dans les gènes. Il ne manque que la mélodie pour que la forme apparaisse[76].

On voit par là les limites, aux yeux d'Uexküll, de la génétique dans la mesure où elle ne permet pas de comprendre la naissance de la forme. Conscient que l'objet de la *Gestaltpsychologie* (psychologie de la forme) est précisément de découvrir la manière dont la forme naît, il précise dans le chapitre de *La doctrine de la vie* intitulé « La *Théorie de la forme* » que la nouvelle école de psychologie – la psychologie de la forme – s'intéresse justement au problème ardu et fascinant qui concerne la naissance de l'ajustement, de la forme composée, c'est-à-dire du contrepoint[77].

Mais le niveau de composition le plus achevé est, enfin, celui de la symphonie. En effet, c'est alors qu'il assistait à une symphonie de Mahler au Concertgebouw d'Amsterdam, assis à côté d'un homme plongé dans la partition, que l'analogie musicale lui vint :

---

75. J. von Uexküll, « Darwins Verschulden », *Deutsche Allgemeine Zeitung* 82 (22/23), p. 2.

76. *Mondes*. p. 168.

77. *Die Lebenslehre*, *op. cit.*, p. 148-149.

> Je lui demandai, dans mon manque de culture musicale, quel plaisir il pouvait ressentir à suivre des yeux les notes que son oreille percevait immédiatement. Ma question fit déborder son enthousiasme, et il m'assura qu'on ne pouvait se faire une idée adéquate d'une œuvre musicale qu'en suivant la partition. [...] Voilà, conclut-il, la seule façon de pénétrer dans la structure multiple d'une œuvre orchestrale. Ces propos qui m'étaient adressés avec une grande force de persuasion éveillèrent en moi cette question : la tâche de la biologie ne serait-elle pas d'écrire la partition de la nature[78] ?

Ce niveau véritablement symphonique, la grande composition de la nature, est thématisé par Uexküll en référence à l'harmonie préétablie théorisée par Leibniz. Dans la nouvelle *Der Stein von Werder*, le narrateur raconte qu'étant absorbé par la doctrine de Leibniz, il lui devint clair que chaque homme vivait dans une bulle de savon, que le philosophe de l'infinitésimal appelait monade. Remarquant les associations complémentaires entre les animaux et les plantes, le narrateur poursuit : « Malgré leurs fermetures les bulles de savon ont été composées par Dieu en duo, en trio, en quatuor, etc. – ce que Leibniz nomme l'harmonie préétablie. » Comme chez Leibniz, la mélodie finie de la monade s'intègre dans le plan de composition infini, symphonique, de la nature, celui-ci se reflétant dans celle-là, et Uexküll écrit ainsi dans le chapitre de *La doctrine de la vie* consacré à la *Théorie de la forme* que « *Medium* et animal semblent, par le jeu réciproque (*im Spiel und Widerspiel*) de leurs propriétés, appartenir à une grande unité », ou encore qu'« au centre de chaque goutte nous devons nous représenter un sujet, à travers lequel le monde se reflète, afin de pouvoir échapper à la monotonie de la machine du monde[79] ».

---

78. *Mondes*, p. 146-147.

79. *Die Lebenslehre, op. cit.*, respectivement p. 150 et p. 127.

Plus loin dans *Der Stein von Werder*, c'est à l'occasion de la représentation amstellodanoise de *Hamlet* que le personnage Clarissa, en lisant la liste des personnages de la pièce, reconduit le terme de « personne » à son origine latine *personnare*, signifiant littéralement « ce à travers quoi ça résonne », *per-sonnare*[80]. En tant que *personnare*, les sujets naturels sont formés par une tonalité et résonnent dans l'harmonie de la composition naturelle, comme les personnages de la pièce se font écho dans l'œuvre du dramaturge : chaque acteur joue son propre rôle qui apparaît dans la liste du programme, et tous les rôles forment ensemble la grande composition. Au duo naturel de la guêpe et de l'orchidée fait ainsi écho le duo amoureux shakespearien d'Hamlet et Ophelia :

> Sans que les personnes en aient la moindre idée, ils sont pénétrés par l'esprit du grand poète. Chaque personne pense jouer sur sa propre scène vitale car le monde apparaît de manière bien différente à Ophélie et à Hamlet, et bien plus encore au roi. Et malgré cela, ils sont tous pris dans une grande composition qui se joue devant nous grâce à l'harmonie préétablie par le poète[81].

Il convient d'éclairer cette métaphore de la composition musicale par les thèses formulées en 1947 par Boris de Schloezer dans *L'introduction à Jean-Sébastien Bach*. En effet, alors qu'Uexküll décrit la nature musicalement, Schloezer pense et décrit inversement la musique organiquement. Tout comme Uexküll, Schloezer tient à se démarquer de l'école de la *Gestaltpsychologie* (psychologie de la forme) pour laquelle la forme serait donnée immédiatement dans la perception comme totalité. Pour Schloezer, au contraire, la forme musicale

---

80. *Der Stein von Werder, op. cit.*, p. 64.
81. *Ibid.*, p. 65.

totale, symphonique n'est jamais immédiatement donnée, mais elle doit être reconstruite. Il faut en fait distinguer entre d'une part la forme « simple » qui est directement perçue, la « simple » mélodie, et d'autre part la forme musicale, la forme symphonique, totale, qui suppose quant à elle de s'abîmer dans la partition, tout comme le voisin d'Uexküll qui assiste à la symphonie de Mahler. Le naturaliste distingue de son côté entre la forme simple de la mélodie du comportement et la forme symphonique de toutes les compositions de la nature : alors que la première se laisse immédiatement appréhender, au premier regard, la seconde nécessite un véritable travail de reconstruction qui ne pourra jamais être totale. Dans la seconde partie du livre intitulée « La forme », Schloezer définit en effet ce qu'il appelle la forme musicale par une série de distinctions conceptuelles. S'il faut d'abord distinguer la forme géométrique de la forme musicale, cette dernière ne pouvant pas être connue par un concept, il faut ensuite opposer la forme mécanique, qui n'est qu'un ensemble additif, à la forme composée, cette dernière pouvant être soit simplement compositionnelle soit organique. En considérant l'œuvre musicale comme une forme organique (et non *simplement* compositionnelle), Schloezer invite à penser un agencement non externe, transcendant, mais interne, immanent : la symphonie se joue elle-même, sa forme naissant de l'œuvre en train de se faire. Lorsqu'Uexküll compare le drame de la nature à la *Passion selon Saint Matthieu* de Bach[82], une tension apparaît entre une composition dans laquelle l'interprète ne ferait qu'exécuter sa partition, et une composition où il participerait à l'écriture même de l'œuvre. Si bien qu'on peut légitimement se demander si le motif de la symphonie de la nature est pour Uexküll transcendant, ou bien si la partition est immanente à la nature. De fait,

82. *Mondes*, p. 157.

il n'hésite parfois pas à assimiler Dieu à la nature, comme le montre l'expression « Nature-Dieu » (*Gottnatur*) employée dans les *Excursions*, en un sens à la fois leibnizien (Dieu comme compositeur transcendant) et spinoziste (la vie se compose elle-même, la symphonie *se* joue elle-même, en s'improvisant)[83]. Comme Schloezer, c'est vers l'hypothèse de l'immanence que se tourne Uexküll, l'immanence entre les plans de performance des êtres vivants et le grand plan de la nature, comme le manifeste notamment la nature centrifuge du mouvement vital. En effet, la nature laisse chez lui autant place à des fausses notes – par exemple le grand-duc de von Korff qui élève tant bien que mal les deux canetons[84] – qu'à des notes improvisées – l'acquisition de comportements nouveaux, par exemple par l'apprentissage ou l'expérience : « Toute nouvelle expérience entraîne de nouvelles attitudes face à de nouvelles impressions.[85] » Dans la partie de ses cours sur la nature dédiée à Uexküll, Merleau-Ponty écrit de manière similaire : « Le déploiement de l'Umwelt, c'est une mélodie, une mélodie qui se chante elle-même.[86] » Qui se chante elle-même plus qu'on ne la chante.

La référence uexküllienne à la génétique et la manière dont la biosémiotique prolonge Uexküll vont également dans le sens d'une immanence du plan, et donc d'une composition dans laquelle la mélodie se joue elle-même en improvisant, c'est-à-dire en lisant la partition et en l'interprétant. Dans ses travaux de recherche relatifs à l'*Umwelt*, et plus précisément dans son article intitulé « Organism as a self-reading text : anticipation

83. *Ibid.*, p. 154.
84. *Ibid.*, p. 137.
85. *Ibid.*, p. 62.
86. *La nature*, *op. cit.*, p. 228.

et semiosis[87] », Kalevi Kull définit l'organisme comme un texte qui se lit lui-même, en précisant que le texte doit être compris comme un processus et non comme une structure. En tant que processus, le texte implique sa lecture et son interprétation, ou autrement dit sa traduction qui peut consister par exemple en un comportement. Il y a donc création, réécriture d'un nouveau texte. Le premier exemple donné par cet article de 1998 est celui du langage des protéines et de l'ADN. D'un point de vue linguistico-biologique, ce langage possède ses propres morphèmes, ses phonèmes, sa syntaxe, etc. : les nucléotides forment l'unité de base de l'alphabet et les codons ou triplets les morphèmes qui composent l'alphabet à partir duquel les gènes s'écrivent. Les nucléotides « muets » ou les séquences non codantes forment de ce point de vue une ponctuation. Il faut noter que lors de la « transcription » de l'ADN, qui est en fait une traduction, les ARN messagers ou *transcriptome* traduisent le langage nucléique en langage protéique dans lequel ce sont les acides aminés qui constituent l'alphabet[88]. La protéine transmet la signification de ses gènes à d'autres protéines, à l'ADN, ou même à d'autres cellules, dans un langage auquel tous les gènes, les cellules, les tissus et les organes peuvent répondre.

L'interprétation d'un texte, ses changements de sens, sa mutation sémiotique ont lieu aux yeux du biosémioticien au cours des mutations génétiques, au cours des évolutions phénotypiques ou comportementales, au cours de l'ontogénèse comme de la phylogénèse, ou encore au cours de l'apprentissage :

---

87. Kalevi Kull, « Organism as a self-reading text: anticipation et semiosis », in *International Journal of Computing Anticipatory Systems*, vol. 1, 1998, p. 93-104.

88. Max de Ceccatty, *Conversations biologiques*, Paris, Seuil, 1991, chapitre « La hiérarchie des signaux. Le langage des protéines ». Cf. également le chapitre « Organic Codes » dans *Biosemiotics* (p. 139) de Hoffmeyer sur l'ARNm pensé comme « pont moléculaire ».

> Le nouveau texte peut s'exprimer dans la croissance de l'organisme, le développement de nouveaux organes, la reconstruction de structures existantes ou de relations, ou dans la génération d'un mouvement donné, les séquences d'activités musculaires, la naissance d'une séquence comportementale[89].

Prenons l'exemple de l'histoire de l'évolution des équidés et l'acquisition du pied à un doigt : la régression des forêts a contraint l'ensemble des équidés à gagner les prairies et les steppes. Devant s'adapter à un sol plus dur et à un milieu plus ouvert, fréquenté par de nombreux prédateurs, et devant donc développer leurs aptitudes à la course, les équidés ont vu leur nombre de doigts reposant sur le sol se réduire à trois, puis, à la fin du Pliocène il y a moins de deux millions d'années, à un seul. Une reconstitution phylogénétique montre que le caractère sabot fendu se perd en donnant le genre equus, qui regroupe ânes, zèbres et chevaux. Il y a bien ici développement de nouveaux organes, reconstruction, et on pourrait parler de déterritorialisation du pied du cheval – pour employer un concept deleuzien – qui se reterritorialise par nécessité dans les steppes ou pour les besoins humains, dans les champs. Dans le cas de la domestication qui est un apprentissage, non pas « naturel » mais « forcé », l'homme fait, par des croisements entre espèces ou individus particuliers, une sorte de copier-coller depuis un texte initial. Ce texte initial c'est par exemple le génome du grand « cheval des forêts », lent, lourd, et dont les pattes devront s'ajuster à la signification « travail des champs ». Par le travail humain de domestication, par cette traduction, cette lecture non par l'organisme lui-même mais par l'homme, ce cheval acquerra puissance, stabilité, robustesse ; ses sabots seront larges et il possédera un caractère doux et docile. Un tel copier-coller

---

89. K. Kull, « Organism as a self-reading text: anticipation et semiosis », *op. cit.*

donne le cheval de trait. Et en ce sens, qui est un point de vue sémiotique, il faut redire très justement avec Deleuze qu'il y a plus de différence entre un cheval de course et un cheval de labour qu'entre un cheval de labour et un bœuf.

La nature est donc une composition qui s'interprète elle-même : la nature donne la mélodie tandis que les sujets *choisissent* avec plus ou moins de liberté les notes et les variations. Être un sujet vivant, c'est précisément pour Uexküll avoir cette possibilité de faire varier les notes, et c'est le point commun, selon lui, entre les cellules et les organes ainsi qu'entre les plantes, les animaux et les hommes.

Cette analogie musicale sur le plan de l'éthologie laisse entendre que se comporter c'est composer. Or on peut lire sous la plume du baron : « Il existe une science entière appelée écologie qui s'occupe du comportement des animaux vis-à-vis de leur milieu.[90] » À ses yeux, éthologie et écologie sont affaire de composition. Toujours dans le droit chemin d'Uexküll, Lorenz déclare sans ambages : « Éthologie et écologie sont fondamentalement indissociables.[91] » C'est sur cette dernière, sur cette science ultime des compositions que nous allons finalement nous arrêter, en essayant de saisir ce lien qui l'unit à l'éthologie.

3. L'écologie et les cohabitations

Le lecteur de la grande partition de la nature est en même temps un écologue. L'écologie qu'il nomme encore « doctrine de la composition naturelle » est définie au début de la *Théorie de la signification* comme la science de la délimitation des milieux : « En vérité, chacun des animaux, si libre qu'il paraisse

---

90. *Die Lebenslehre*, *op. cit.*, p. 129.
91. *Les oies cendrées*, *op. cit.*, p. 96.

de ses mouvements, est relié à habitat, et il appartient à l'écologue d'en déterminer les limites.[92] » La théorie uexküllienne des compositions relève finalement de l'écologie – ce qu'a très bien vu Heidegger. En effet, c'est précisément dans les pages de son cours de 1929-1930 consacrées à Uexküll qu'il aborde l'écologie, en rappelant que le terme d'écologie vient de « maison ». À ce titre il s'agit de l'exploration du lieu où les animaux sont chez eux, et de la façon dont ils le sont, c'est-à-dire de leur manière de vivre en rapport avec le milieu : « Il s'agit plutôt d'arriver à discerner la *structure de la relation qu'a l'animal avec son environnement.*[93] » Heidegger suggère alors de considérer l'écologie comme la science de l'habiter – *wohnen* –, Uexküll employant lui-même les termes de *Wohn-welt*, *Wohn-hülle* ou *Habitus* : « Nous ne doutons pas d'habitude que le monde existe comme une totalité étalée sous nos yeux, et que chaque animal y découpe son habitat (*Wohnwelt*).[94] » Plus concrètement, cet habitat peut prendre la forme de chemins familiers, de territoires ou de cohabitations. Mais pour saisir la force et l'originalité de cette science, il faut reconduire l'habiter à son sens premier d'*habitus*, c'est-à-dire de manière d'être – c'est en particulier la notion de domestication qui demande à être pensée à partir de là. Du point de vue écologique, la domestication du chien par l'homme consiste à faire entrer le chien dans la maison (*domus*) de l'homme, dans son *habitus* comme dit Uexküll, c'est-à-dire en même temps dans sa manière d'être. Par cette cohabitation de l'homme et du chien, celui-ci devient domestique et celui-là sédentaire. C'est précisément

92. *Mondes*, p. 93. Voir aussi p. 165.

93. *Les concepts fondamentaux de la métaphysique*, *op. cit.*, p. 382. Environnement traduit ici *Umgebung*, Heidegger réservant comme on l'a vu le terme d'*Umwelt* à l'homme.

94. *Mondes*, p. 93.

dans la mesure où, avant cette cohabitation, l'homme n'est pas encore l'homme que nous sommes aujourd'hui (mais toujours *homo habilis* ou *erectus*) et le chien pas encore chien (mais *canis lupus*), qu'il faut comprendre l'habiter en son sens fort, comme manière d'être.

Pour considérer écologiquement son objet d'étude, l'observateur doit comme on l'a vu mettre son existence entre parenthèses en neutralisant sa subjectivité. Adopter ce point de vue écologique suppose non pas une projection anthropocentrique de son propre point de vue, mais un *décentrement* de celui-ci. Ce décentrement est d'une part un « bio-centrisme » : il implique d'adopter le point de vue d'un être vivant, le point de vue par exemple du bouleau (en tant que sujet), c'est-à-dire plus généralement celui des bétulacées. Ce décentrement est d'autre part un « éco-centrisme » consistant à prendre le point de vue d'un milieu, le point de vue par exemple du chêne, non pas en tant que sujet, mais en tant que milieu pour différents sujets. Dans son *Almanach d'un comté des sables* publié en 1949, soit dix ans environ après la *Théorie de la signification*, Aldo Leopold, père de l'écologie américaine, invitera de manière similaire à penser comme une montagne[95]. Penser comme une montagne, de manière éco-centrique, c'est penser au niveau des « paysages » – *land* –, au niveau de ce qu'il nomme la « pyramide de la terre », qui est constituée par les chaînes biotiques harmonieuses[96]. Uexküll envisage, sans néanmoins les thématiser, ces mêmes « compositions biotiques » : « L'épervier et le renard, en détruisant les animaux faibles,

95. A. Leopold, *Almanach d'un comté des sables*, Paris, Flammarion, 2010, p. 168.

96. *Ibid.*, p. 271-273. Sur ce rapport entre Uexküll et Leopold, cf. J.-C. Gens, « Aux origines de l'éthique écologique : J. von Uexküll et A. Leopold en dialogue », in J.-P. Pierron et M.-H. Parizeau (dir.), *Repenser la nature. Dialogue philosophique : Europe, Asie, Amériques*, Presses de l'Université de Laval, 2012.

sont les bienfaiteurs des espèces qu'ils traquent. Là où les renards ont été exterminés, les épidémies décimeront les lapins, parce que les bêtes malades n'auront pas été éliminées assez tôt.[97] » Et toujours comme en anticipant les thèses de son « homologue » américain, Uexküll qualifie ces compositions biotiques d'harmonieuses – on pourrait dire harmoniques –, la rupture de l'harmonie entraînant une catastrophe écologique, comme celle qu'a représentée l'introduction du figuier de Barbarie en Australie[98]. Dans le cadre de cette écologie relationnelle des cohabitations (et non plus uniquement de l'habitation puisque le point de vue est celui d'un éco-centrisme), les milieux des différents animaux peuvent empiéter les uns sur les autres, se chevaucher, en inclure d'autres, et Uexküll conçoit la nature comme l'agencement écologique de tous ces milieux entre eux, et la grande composition de la nature comme un réseau de cohabitations.

Plus qu'à la lutte pour la survie, Uexküll s'intéresse aux co-évolutions, aux symbioses, aux alliances : il étudie par exemple l'ajointement entre le bernard-l'hermite et l'anémone de mer, l'appariement entre le bourdon et la gueule-de-loup[99], et la chaîne biotique dépendante du chêne. Uexküll montre ainsi comment la bruche et le pois sont ajustés l'un à l'autre, et, reprenant Henri Fabre, il décrit le trio composé par la larve de guêpe, la larve de bruche et le pois, le « trio dans les partitions originelles liant entre elles trois séries de significations[100] ». Comment ne pas tenter ici d'éclairer ces thèses par le travail

---

97. *Mondes*, p. 144. Dans la même logique, ce sont pour Leopold les loups qui servent les populations de cerfs (*Almanach d'un comté des sables*, *op. cit.*, p. 168-172).

98. *Mondes*, p. 145.

99. *Ibid.*, p. 167.

100. *Ibid.*, p. 118-119.

de la fondatrice de l'entomologie allemande et grand peintre naturaliste Maria Sibylla Merian ? Contemporaine de Leibniz, ses travaux, qui ont notamment inspiré Linné, expriment une vision écologique de la nature : ce sont, à la différence de ses contemporains, les *interactions* organiques qui sont l'objet de ses recherches, celles notamment entre les chenilles et leurs plantes hôtes, c'est-à-dire l'habitat de ces insectes[101]. Dans leur intérêt commun pour la métamorphose, Merian et Uexküll développent une vision écologique de la nature en considérant l'« *habitus* » de l'insecte : pour les deux naturalistes, il n'y a pas de métamorphose, d'éclosion, d'œuf ou de larve indépendamment d'un milieu corollaire, un fruit, une fleur, un autre animal associé. Alors que Merian se sert du dessin pour représenter simultanément les divers stades de la métamorphose d'un papillon avec sa plante hôte – on se référera par exemple à la dixième planche de la *Metamorphosis* qui représente les chenilles, les chrysalides et les papillons d'un Helicopis à taches dorées et d'un Arctiidé du genre *Hypercompe* sur un plant de coton –, Uexküll consacre dans *Der Sinn des Leben* de nombreuses pages à la métamorphose des papillons et écrit :

> On doit se rendre à l'évidence que chaque fleur forme une clef pour l'insecte qui la visite, insecte dont la perception et l'action ne sont compréhensibles qu'à partir de la fleur – de même que nous ne comprenons la fleur, sa forme, sa couleur et son odeur qu'à partir de l'habitus de l'insecte[102].

Ce que Merian apporte par son travail de peintre, c'est précisément l'idée de composition. Les planches de la *Métamorphose des insectes de Surinam*, son ouvrage majeur, présentent toujours

101. Voir K. Schmidt-Loske, *Die Tierwelt der Maria Sibylla Merian*, Marburg/Lahn, Basilisken-Presse, 2007.

102. *Der Sinn des Leben*, *op. cit.*, p. 47.

au moins deux êtres vivants différents : une association entre l'ananas et le kakerlaque, un insecte ravageur de Surinam, une autre entre la chenille carrée et le melon, etc., telle plante permettant de faire tel fil à soie, donc tel cocon puis telle fève. Chaque planche de la *Métamorphose des insectes de Surinam* est accompagnée d'un texte envisageant toujours l'animal dans son rapport à son milieu. Merian peint une nature aussi vivante que celle d'Uexküll, et les animaux représentés sont toujours en mouvement, en interaction avec leur milieu, c'est-à-dire en vie. Par ailleurs, Merian peint « d'après nature », ce qui apporte à son œuvre à la fois plus de rigueur scientifique – en comparaison avec de nombreuses représentations animalières fantasques de l'époque – et à la fois plus de vie. Pour apprécier cette intuition écologique tout à fait originale, on peut comparer ses planches avec celles de Haeckel – qui fonde pourtant et peut-être paradoxalement le terme d'écologie, et auquel Uexküll s'oppose logiquement avec force. Ces dernières peuvent être considérées comme des « natures mortes » dans lesquelles les animaux sont épinglés comme des papillons ; il y a chez Haeckel *assemblages* de « cadavres », généralement de la même espèce, et au contraire *compositions* entre des espèces différentes qui cohabitent chez Merian[103]. En ce sens, l'entomologiste allemande ne peint pas des animaux et des plantes mais toujours leurs rapports, leurs interactions. Comme l'indique le titre complet de son œuvre décisive, il faut envisager ses peintures comme de véritables excursions dans *la vie* des insectes, c'est-à-dire dans leurs milieux, leurs habitats : *Dissertation sur la génération et les transformations des insectes de Surinam : dans laquelle on traite des vers et des chenilles de Surinam, des plantes, fleurs, & fruits dont ils vivent & dans lesquels on les a trouvez. On y parle aussi*

103. Même les planches de l'*Histoire naturelle* de Buffon ne représentent pas les animaux dans leurs milieux, dans leurs habitats, mais toujours de manière isolée.

des crapaux, lezards, serpens, aragnées & autres petits animaux du même païs, peints sur les lieux d'après nature, & depuis gravez avec beaucoup de soin. On y a joint un traité des changemens des poissons en grenouilles & des grenouilles en poissons[104].

De même qu'Uexküll parle de la complémentarité de la larve de bruche et du pois, ou encore d'une certaine chenille avec le figuier de Barbarie – « Ces observateurs exercés réussirent à découvrir une petite chenille appartenant à une espèce de mites, qui se nourrit exclusivement de la chair du figuier de Barbarie[105] » –, de même Merian développe dans chacune des planches une ou plusieurs associations entre chenilles et plantes : les kakerlaques qui « aiment surtout les choses douces » composent pour cette raison avec l'ananas. Et de même qu'il y a des guerres, des combats entre les espèces animales chez Uexküll ou Michelet, Merian décrit par exemple dans la planche XVIII de la *Dissertation sur la génération et les transformations des insectes de Surinam* les rapports belliqueux, sur une même goyave, entre différentes araignées, des fourmis, et des oiseaux appelés Colobritgens : « Ces fourmis sont toujours en guerre avec les araignées et tous les insectes du païs. » La planche LXXII représente une grande composition, comprenant de très nombreuses associations entre algues et coquilles – on y voit par exemple la Macle de Corail qui « croit sur une coquille que l'on nomme l'Arche de Noé ».

Commentant cette même planche LXXII, Merian écrit : « Je n'ai pas dessiné ici cet Arek, dans l'intention de décrire cet arbre, dont d'autres ont parlé fort au long, en traitant des arbres étrangers, je ne l'ai placé ici que pour parler des Chenilles et des Papillons que l'on trouve sur ses branches où ils naissent

---

104. Maria Sibylla Merian, *Dissertation sur la génération et les transformations des insectes de Surinam*, La Haye, P. Gosse, 1726.

105. *Mondes*, p. 145.

et croissent.[106] » La seconde planche de *L'histoire des insectes d'Europe* sur la Tulipe couleur de pourpre, *Tulipa Purpurea*, décrit quant à elle les interactions des animaux et la manière dont ils composent leurs rapports avec elle, la tulipe étant alors le milieu commun à plusieurs sujets. De même qu'Uexküll envisage écologiquement le point de vue du chêne comme habitat de plusieurs sujets, Merian peint selon les points de vue de l'arek ou de la tulipe.

> Cette tulipe, qu'on nomme aussi Jaspée ou Marquis de Retz, sert de nourriture à cette Chenille jusqu'à la fin de Mai, puis elle se transforme en une Fève, d'où sort quinze jours après un Papillon Hiboux, ayant les ailes de dessus rougeâtres, et celles du dessous avec le reste du corps grisâtre. Au bas de la queue, se trouve un ver, dont les petits animaux, qu'on appelle poux, se nourrissent, il se transforme à la fin de Mai en une Vessie, d'où sort quatorze jours après une Mouche rayée de jaune et de noir, ayant les yeux rouges[107].

Mais si l'on pousse l'intuition uexküllienne jusqu'au bout, il faut dire que l'animal en lui-même n'existe pas, et qu'il n'existe que des rapports et des compositions. Ce n'est pas le chêne comme tel, comme sujet, qui intéresse Uexküll, mais le chêne comme rapport, comme objet dans les différents milieux du renard, du grand-duc, du forestier, etc. Considérant l'écologie uexküllienne, Heidegger remarque justement qu'il s'agit pour le biologiste de discerner la structure des relations (*Beziehungsgefüge*) de l'animal à son milieu. L'existence, l'être, est porté par les rapports de significations harmoniques, par le réseau sémiotique

---

106. Maria Sibylla Merian, *Dissertation sur la génération et les transformations des insectes de Surinam*, *op. cit.*

107. Maria Sibylla Merian, *Histoire des insectes d'Europe*, Amsterdam, Jean-Frederic Bernard, 1730, planche 2.

de la nature, et seuls les rapports sont réels : le mode d'être, c'est-à-dire l'*habitus* de la mouche est ainsi arachnéen et celui de l'araignée est diptère, ou « mouchier[108] ». L'animalité est inter-animalité, et l'animal n'existe qu'à travers son milieu ; son être tient à son *habitus*, c'est-à-dire à ses cohabitations.

Fondamentalement, c'est donc bien le « tissu de relations qu'entretiennent entre eux les milieux » qu'investigue Uexküll[109]. Or c'est précisément ce tissu qui est l'objet de l'« écologie de l'esprit », *ecology of mind*, de Gregory Bateson – *mind* désignant le système constitué par le sujet et son milieu. À cet égard, l'écologie de l'esprit se présente comme un prolongement de l'écologie uexküllienne, comme une radicalisation de ses intuitions dans la mesure où elle semble les porter jusqu'au bout d'elles-mêmes. Cette écologie de l'esprit permettrait, selon Bateson, de comprendre des phénomènes biologiques apparemment aussi différents que la symétrie bilatérale d'un animal, la disposition selon un modèle des feuilles d'une plante ou l'énigme de l'évolution biologique[110]. C'est de manière purement écologique qu'il envisage donc le concept d'espèce lorsqu'il pose, dans le *métalogue* de 1954 intitulé « Pourquoi un cygne ? », la question de savoir ce qu'« espèce de cygne » signifie. Il suggère ainsi que le cygne « appartient à une subdivision d'un groupe plus vaste, qui comprendrait la poupée de Petrouchka, les cygnes de ballets et les gens[111] », et définit en cela l'espèce par le réseau dans lequel elle est prise. De même que Bateson déconstruit la catégorie classique d'espèce dans la suite du métalogue, on pourrait dire qu'Uexküll esquisse à sa manière

108. Müller traduit le néologisme uexküllien « fliegenheft » par « mouchier » (*Mondes*, p. 117).

109. *Mondes*, p. 97.

110. G. Bateson, *Vers une écologie de l'esprit*, Paris, Seuil, 1977, tome I, p. 11.

111. *Vers une écologie de l'esprit, op. cit.*, p. 52.

une déconstruction du concept de mammifère dans la *Théorie de la signification* en n'y voyant qu'un concept méthodologique et arbitraire : « Dans notre milieu humain, il n'existe pas de mammifère comme tel, en tant qu'objet intuitif, mais seulement une abstraction conceptuelle d'ordre classificatoire, que nous ne rencontrons jamais dans la vie.[112] » C'est cette même idée que développe encore Lorenz à la suite d'Uexküll : « L'"oie cendrée", dont tant d'auteurs et moi-même avons parlé, n'existe pas. Il existe de très nombreuses oies réelles, que l'on peut qualifier incontestablement d'oies cendrées.[113] »

La grande proximité entre Uexküll et Bateson se manifeste encore dans deux textes qui se font échos. Si le cœur de la théorie uexküllienne des compositions tient dans l'idée que :

> Tout sujet tisse ses relations comme autant de fils d'araignée avec certaines caractéristiques des choses et les entrelace pour faire un réseau qui porte son existence[114],

Bateson explicite de son côté l'intuition géniale d'Uexküll :

> Toutes ces choses s'entremêlent et forment un réseau. [...] Nous arrivons ainsi à l'image d'une sorte d'enchevêtrement complexe, vivant, fait de luttes et d'entraides, [...] et qui forment en fait une écologie. [...] Nous ne pensons plus aux choses elles-mêmes. Nous ne pensons qu'à ce qui se passe entre elles, ainsi qu'aux relations entre les relations[115].

---

112. *Mondes*, p. 139.
113. *Les oies cendrées, op. cit.*, p. 39.
114. *Mondes*, p. 29.
115. G. Bateson, *Une unité sacrée. Quelques pas de plus vers une écologie de l'esprit*, Paris, Seuil, 1996.

Il n'existe chez Uexküll comme chez Bateson que des rapports symboliques, c'est-à-dire des relations de relations. En lisant Uexküll en compagnie de Merian et de Bateson, on apprécie d'autant plus l'originalité et la force de cette pensée écologique des cohabitations.

Conclusion

Uexküll introduit la subjectivité dans la biologie, en prolongeant l'entreprise kantienne. Le milieu biologique est à la fois centré sur et ajusté au sujet, témoignant d'une véritable activité de création. Il y a autant de milieux que de sujets, et tous les milieux ont les mêmes valeurs et réalités subjectives. Mais par ce qu'il nomme un « accroissement progressif de la subjectivité[1] », depuis le niveau cellulaire, jusqu'à l'intersubjectivité ou l'interanimalité, Uexküll fait éclater le concept même de sujet. Il est alors conduit à développer un perspectivisme subjectif de type leibnizien, et à penser la nature comme une grande composition inter-monadique, comme une grande symphonie qui se joue elle-même. En considérant par ailleurs la subjectivité comme corporelle, Uexküll est conduit à étudier le corps vivant de l'animal à travers ses performances et son comportement. En appliquant les concepts d'*Umwelt* et de comportement aux hommes, cette éthologie est élevée à une véritable éthique, et Uexküll pense ainsi l'affinité élective entre Hamlet et Ophélia de la même manière que l'affinité secrète entre la corolle et la tige de la plante. L'éthologue étudie ces rapports en fonction du corps vivant de l'animal.

Par sa vision écologique, Uexküll investigue plus le rapport entre les sujets que les sujets eux-mêmes, plus la toile d'araignée que l'araignée et la mouche elles-mêmes : « Tout sujet tisse ses relations comme autant de fils d'araignée avec certaines caractéristiques des choses et les entrelace pour faire un réseau qui porte son existence.[2] » L'écologie thématise ce réseau, cette architecture

1. *Mondes*, p. 130.
2. *Ibid.*, p. 29.

de rapports symboliques entre les différents sujets. La manière d'être de l'animal, son *habitus*, repose en dernière instance dans la cohabitation ; c'est en ces termes qu'il convient de concevoir la domestication et le « avec » de la compagnie de l'homme et du chien : notre mode d'être serait « canin », le mode d'être du chien serait domestique. Enfin, cette manière écologique de voir la nature répond à l'exigence vitaliste qui traverse l'œuvre entière d'Uexküll comme les planches de Merian que l'on pourrait en ce sens insérer dans les *Excursions*.

L'observateur doit mettre sa subjectivité entre parenthèses pour décentrer son point de vue, et adopter le point de vue du chêne, de l'areck, ou de la montagne. Cette mise entre parenthèses de la subjectivité, ce *faire comme si* de l'observateur face à son sujet d'étude n'est possible que par une tonalité à la fois absolument neutre et amoureuse, et les excursions à travers les milieux animaux et humains conduisent *in fine* l'observateur à un corps à corps avec son sujet d'étude.

Biographie

Le baron Jakob von Uexküll est né le 8 septembre 1864 dans une famille nombreuse germano-balte. Il passe sa jeunesse en Estonie, alors province de l'Empire Russe, son père Alexandre von Uexküll étant maire de Reval, aujourd'hui Tallinn. C'est à Coburg, en Allemagne, que le jeune Jakob commence sa scolarité en 1874, pour la poursuivre au lycée de Reval où il découvre l'œuvre de Kant. En 1884 débutent ses études d'histoire, de minéralogie et surtout de zoologie à l'université de Dorpat, actuellement Tartu, où il étudie les animaux marins. C'est lors de sa quatrième année d'études qu'il manifeste pour la première fois son désaccord avec les principales thèses de Darwin, désaccord fondamental qui s'approfondira tout au long de sa vie. Il quitte ensuite Dorpat pour l'institut de physiologie du professeur Kühnes à Heidelberg, puis retrouve en 1899 l'institut du physiologiste Étienne-Jules Marey à Paris. En 1907, il est fait Docteur *honoris causa* de la Faculté de médecine de l'Université de Heidelberg pour son travail dans le domaine de la physiologie musculaire. Il revient quelque temps en France, notamment à Berck-sur-Mer, et surtout Monaco où il écrit en 1909 la première édition d'*Umwelt un Innenwelt der Tiere* (*Milieu et monde intérieur des animaux*). Il voyagera encore à Roscoff et Biarritz pour étudier les langoustes.

Son mariage en 1903 avec la comtesse Gudrun von Schwerin donne naissance à trois enfants : Dana en 1904, Thure en 1908 et Gösta en 1909. Thure von Uexküll prolongera à sa manière les travaux de son père, c'est-à-dire en les orientant principalement vers la médecine et la biosémiotique. La première édition posthume de *Der Sinn des Leben* (*Le sens de la vie*) de 1947 est ainsi postfacée d'une mise en perspective de son fils qu'il nomme joliment « un regard ».

À la suite de la Révolution russe de février 1917, Jakob von Uexküll perd tous ses biens. Il obtient la nationalité allemande l'année suivante et passe l'essentiel de sa carrière en Allemagne, principalement à Heidelberg et Hambourg où il enseigne à l'université. Il publie en 1920 sa *Theoritische Biologie* (*Biologie théorétique*), important volume prenant place dans le monde de la recherche. En 1928, Uexküll devient propriétaire de l'île de Puhtu, en Estonie, et il y passe ses étés pendant plus de dix ans. Il invite en 1934 le comte Alexander von Keyserling, un ornithologue amoureux de la nature, à vivre sur l'île en tant que gardien. C'est cette même année que paraît son premier ouvrage destiné au grand public : *Streifzüge durch die Umwelten von Tieren und Menschen* (*Excursions à travers les milieux des animaux et des hommes*). Il enseigne à Hambourg de 1925 à 1939, et y crée l'Institut de recherche sur le milieu. Finalement Uexküll s'installe en 1940 en Italie, sur l'île de Capri, où il meurt en 1944.

Bibliographie

I. JAKOB VON UEXKÜLL

Ouvrages

Leitfaden in das Studium der experimentellen Biologie der Wassertiere, Wiesbaden, Verlag von J. F. Bergmann, 1905.

Umwelt und Innenwelt der Tiere, Berlin, Verlag von Julius Springer, 1909.

Umwelt und Innenwelt der Tiere, Berlin, Verlag von Julius Springer, 1921, seconde édition augmentée et améliorée.

Bausteine zu einer biologischen Weltanschauung: Gesammelte Aufsätze, München, F. Bruckmann, 1913.

Theoretische Biologie (1928), Frankfurt-am-Main, Suhrkamp, 1973.

Die Lebenslehre, Potsdam, Müller und Kiepenheuer Verlag, Zürich, Orell Füssli Verlag, 1930.

Streifzüge durch die Umwelten von Tieren und Menschen – Bedeutungslehre (1934 et 1940), Hamburg, Rowohlt, 1956, trad. Ph. Muller, *Mondes animaux et mondes humains*, suivi de *La théorie de la signification*, Paris, Denoël, 2004.

Der unsterbliche Geist in der Natur, Hamburg, Christian Wegner Verlag, 1938.

Der Stein von Werder, Hambourg, Christian Wegner Verlag, 1940.

Der Sinn des Lebens, Stuttgart, Ernst Klett Verlag, 1947.

Articles

« Psychologie und Biologie in ihrer Stellung zur Tierseele », *Ergebnisse der Physiologie* 1 (2), 1902, p. 212-233.

« Die Rolle des Subjekts in der Biologie », *Die Naturwissenschaften* 19, 1931, p. 385-391.

« Wie sehen wir die Natur und wie sieht sie sich selber » (1922), rééd. in *Kompositionslehre des Nature*, Thure von Uexküll éd.

« Über die Stellung der vergleichenden Physiologie zur Hypothese von der Tierseele », *Biologisches Centralblatt* 20 (15), 1900, p. 497-502.

BEER Th. , BETHE A. et VON UEXKÜLL J., « Vorschläge zu einer objectivierenden Nomenklatur in der Physiologie des Nervensystems », *Biologisches Centralblatt* 19, 1899, p. 517-521

« Die Einpassung », in A. Bethe, G. von Bergmann, G. Embden et A. Ellinger (éd.), *Handbuch der normalen und pathologischen Physiologie: Mit Berücksichtigung der experimentellen Pharmakologie*, Berlin, Springer, 1927, Bd. 1, p. 696.

« Die neue Umweltlehre: Ein Bindeglied zwischen Natur- und Kulturwissenschaften », *Die Erziehung* 13 (5), 1937, p. 188-189.

Kompositionslehre der Nature. Ausgewählte Schriften, Thure von Uexküll éd., Berlin, Propyläen, 1980.

II. LITTÉRATURE SECONDAIRE

BOUNOURE L., *Besoins et tendances*, Paris, Hachette, 1952.

CLAPARÈDE Ed., « Revue générale sur les principes de la psychologie animale (Loeb, Nagel, von Uexkull, Norman, Bethe, Bechterew, Edinger, Wasmann, Jennings, Arnhart, Ziegler, etc.) », *L'année psychologique*, 1902, vol. 9, n° 1, p. 483-494.

DEELY J., « Semiotics and Jakob von Uexküll's concept of *Umwelt* », *Sign Systems Studies* 32, 1/2, 2004.

GENS J.-C., « Aux origines de l'éthique écologique : J. von Uexküll et A. Leopold en dialogue », in J.-P. Pierron et M.-H. Parizeau (dir.), *Repenser la nature. Dialogue philosophique : Europe, Asie, Amériques*, Presses de l'Université de Laval, 2012.

GOETZ B., « L'araignée, le lézard et la tique : Deleuze et Heidegger lecteurs de Uexküll », *Le Portique* [en ligne], 20/2007, mis en ligne le 6 novembre 2009.

KULL K., « Uexküll and the post-modern evolutionism », *Sign Systems Studies* 32, 1/2, 2004.
— « Organism as a self-reading text: anticipation and *semiosis* », *International Journal of Computing Anticipatory Systems*, 1998, vol. 1, p. 93-104.
— « Umwelt and Modelling », in *The Rootledge Companion to Semiotics*, Londres, P. Coblay éd., 2009, p. 43-56.
PIERON J., « Monadologie et/ou constructivisme ? Heidegger, Deleuze, Uexküll », *Bulletin d'Analyse Phénoménologique*, vol. 6/2010, n° 2, *La nature vivante* (Actes n° 2).
ROMANO Cl., « Le monde animal : Heidegger et von Uexküll », in *Heidegger en dialogue 1912-1930*, Paris, Vrin, 2009, p. 255-298.
UEXKÜLL Gudrun von, *Jakob von Uexküll. Seine Welt und seine Umwelt*, Hambourg, Christian Wegner Verlag, 1964.
WEISS H., « Aristotle's Teleology and Uexküll's Theory of Living Nature », *The Classical Quarterly*, Cambrige University Press, 1948, vol. 42, 1/2, p. 44-58.

III. AUTRES OUVRAGES ET ARTICLES

ARISTOTE, *De l'âme*, trad. Barbotin, Paris, Les Belles Lettres, 1966.
BATESON G., *Vers une écologie de l'esprit*, trad. F. Drosso, L. Lot et E. Simion, Paris, Seuil, 1977.
— *Une unité sacrée. Quelques pas de plus vers une écologie de l'esprit*, Paris, Seuil, 1996.
BERNARD E., *Souvenir de Paul Cézanne*, Paris, 1921.
BOCCIONI U., *Dynamisme plastique. Peinture et sculpture futuriste*, Lausanne, L'âge d'homme, 1975, en particulier chap. XVII.
BUFFON G.-L. L., *Histoire naturelle*, Paris, Gallimard, coll. « Folio », 2007.
— *Histoire naturelle générale et particulière des reptiles*, Paris, Imprimerie de F. Dufart, 1799.

Buytendijk F., *L'homme et l'animal*, trad. R. Laureillard, Paris, Gallimard, 1965.
— *Traité de psychologie animale*, trad. A. Frank-Duquesne, Paris, PUF, 1952.
Canguilhem G., *La connaissance de la vie*, Paris, Vrin, 1952.
de Ceccatty Max, *Conversations biologiques*, Paris, Seuil, 1991.
Deleuze G., *Le pli*, Paris, Éditions de Minuit, 1988.
— *Spinoza, Philosophie pratique*, Paris, Éditions de Minuit, 1981.
Deleuze G. et Parnet Cl., *Dialogues*, Paris, Champs – Flammarion, 1996.
Gasquet J., *Cézanne*, Paris, Bernheim-Jeune, 1926.
Goethe J. W. von, *Die Metamorphose der Pflanzen*, Genève, Notari, 2010.
— *Les affinités électives*, trad. P. du Colombier, Paris, Gallimard, coll. « Folio », 1980.
Goldstein K., *La structure de l'organisme* (1934), trad. E. Burckhardt et J. Kuntz, Paris, Gallimard, 1951.
Heidegger M., *Les concepts fondamentaux de la métaphysique*, trad. D. Panis, Paris, Gallimard, 1976.
— *Qu'est-ce qu'une chose ?*, trad. J. Reboul et J. Taminiaux, Paris, Gallimard, 1971.
— *Einführung in die Metaphysik*, Tübingen, Niemeyer, 1998 (6e éd.).
Heisenberg W., *La nature dans la physique contemporaine*, Paris, Gallimard, 1962.
Hoffmeyer J, *Biosemiotics*, Scranton, University of Scranton Press, 2008.
Husserl E., *La crise des sciences européennes et la phénoménologie transcendantale*, trad. G. Granel, Paris, Gallimard, 1976.
— *Recherches phénoménologiques pour la constitution*, trad. E. Escoubas, Paris, PUF, 1982.
Leibniz G. W., *Monadologie* (1714), Paris, Delagrave, 1975.
Leopold A., *Almanach d'un comté des sables*, trad. A. Gibson, Paris, Flammarion, 2000.

LORENZ K., « Der Kumpan in der *Umwelt* des Vogels », *Journal für Ornithologie*, avril 1935.
— *Tous les chiens, tous les chats* (1950), trad. B. Villeneuve, Paris, Flammarion, 1970.
— *Trois essais sur le comportement animal et humain* (1965), trad. C. et P. Fredet, Paris, Seuil, 1974
— *Les oies cendrées* (1988), trad. C. Dhorbais, Paris, Albin Michel, 1989.
MERIAN M. S., *Dissertation sur la génération et les transformations des insectes de Surinam*, La Haye, P. Gosse, 1726.
— *Histoire des insectes d'Europe*, Amsterdam, Jean-Frédéric Bernard, 1730.
MERLEAU-PONTY M., *La structure du comportement* (1942), Paris, Presses Universitaires de France, 1972.
— *La Nature*, Paris, Seuil, 1995.
— *Causeries*, Paris, Seuil, 2002.
MICHELET J., *La nature*, Paris, Larousse, 1930.
NAM-IN Lee, *Edmund Husserls Phänomenologie der Instinkte*, Dortrecht, Boston, Londres, Kluwer Academic Publisher, 1993.
NIETZSCHE F., *La volonté de puissance*, trad. G. Bianquis, Paris, Gallimard, 1937.
PATOČKA J., *Le monde naturel comme problème philosophique*, La Haye, Martinus Nijhoff, 1976.
— *Le monde naturel et le mouvement de l'existence humaine*, Dortrecht, Boston, Londres, Kluwer Academic Publisher, 1988.
PLESSNER H., *Die Stufen des Organischen und der Mensch*, Berlin, Walter de Gruyter, 1975.
PORTMANN A., *Biologie und Geist*, Göttingen, éd. Nereïde, 2000.
PROUST, M., *Un amour de Swann*, Paris, Hatier, 2006.
SCHELLING F. W. J., *Œuvres métaphysiques*, trad. J.-F. Courtine et E. Martineau, Paris, Gallimard, 1980.
SCHLOEZER B. von, *Introduction à Jean-Sébastien Bach*, Paris, Gallimard, 1979.

Schmidt-Loske, *Die Tierwelt der Maria Sibylla Merian*, Marburg/Lahn, Basilisken-Presse, 2007.
Weizsäcker V. von, *Le cycle de la structure*, trad. M. Foucault et D. Rocher, Bruges, Desclée de Brouwer, 1958.

Index des noms

H

K

L

M

N

P

R

Table des matières

Dans la collection Visions des sciences

BÄCHTOLD Manuel, *L'interprétation de la mécanique quantique*, 2009.

BAILLY Francis et LONGO Giuseppe, *Mathématiques et sciences de la nature*, 2006.

BARBARA Jean-Gaël, *Le paradigme neuronal*, 2010.

CAVAZZINI Andrea, *Signes, formes, gestes*, 2012.

D'ALESSIO Patrizia (dir.), *La sinuosité du vivant*, 2012.

DEBRU Claude (dir.), *La transdisciplinarité*, 2011.

FRAISOPI Fausto, *La complexité et les phénomènes*, 2012.

FRANCESCHELLI Sara, PATY Michel et ROQUE Tatiana (dir.), *Chaos et systèmes dynamiques*, 2007.

GENS Hadrien, *Jakob von Uexküll, explorateur des milieux vivants*, 2014.

GIRARD Jean-Yves, *Le Point Aveugle. I. Cours de Logique. Vers la perfection*, 2006.

— *Le Point Aveugle. II. Cours de Logique. Vers l'imperfection*, 2007.

GUALANDI Alberto, *L'œil, la main et la voix*, 2014.

JOINET Jean-Baptiste et TRONÇON Samuel (dir.), *Ouvrir la logique au monde*, 2009.

KAUARK-LEITE Patricia, *Théorie quantique et philosophie transcendantale*, 2012.

KOUNEIHER Joseph (dir.), *Vers une nouvelle philosophie de la nature*, 2010.

LANCIANI Albino Attilio, *Analyse phénoménologique du concept de probabilité*, 2012.

MALATERRE Christophe, *Les origines de la vie*, 2010.

RICARD Jacques, *Pourquoi le tout est plus que la somme de ses parties*, 2008.

VARENNE Franck, *Formaliser le vivant*, 2010.

Imprimé en France par
LIGHTNING SOURCE
www.lightningsource.fr

Imprimé en France
FRHW011001130726
48686FR00016B/237
* 9 7 8 2 7 0 5 6 8 8 5 8 5 *